DIANWANG QIYE WANGGEHUA CHENGQU YINGPEI
BANZU JIANSHE

电网企业网格化城区营配班组建设

刘占海 刘改红 陶东生 主编

中国电力出版社
CHINA ELECTRIC POWER PRESS

图书在版编目（CIP）数据

电网企业网格化城区营配班组建设 / 刘占海，刘改红，陶东生主编 . -- 北京：中国电力出版社，2025. 5.
ISBN 978-7-5198-9851-9

Ⅰ. TM727.2

中国国家版本馆 CIP 数据核字第 2025A2K183 号

出版发行：中国电力出版社
地　　址：北京市东城区北京站西街 19 号（邮政编码 100005）
网　　址：http://www.cepp.sgcc.com.cn
责任编辑：丁　钊（010-63412393）
责任校对：黄　蓓　于　维
装帧设计：赵姗姗
责任印制：杨晓东

印　　刷：廊坊市文峰档案印务有限公司
版　　次：2025 年 5 月第一版
印　　次：2025 年 5 月北京第一次印刷
开　　本：710 毫米 ×1000 毫米　16 开本
印　　张：11.25
字　　数：175 千字
定　　价：58.00 元

版 权 专 有　侵 权 必 究

本书如有印装质量问题，我社营销中心负责退换

编 委 会

主　任　崔军朝　仝　猛

副主任　孟凡斌　武宏波　陈炳华　臧建伟　翟淑慧
　　　　申文琰　常　勇　高　鑫　徐　岚

主　编　刘占海　刘改红　陶东生

参　编　刘婧一　喻　宙　苏白娜　莫建波　王　茜
　　　　朱家浩　王露醇　李秋冉　常　强　刘浩晨
　　　　张伯涵　李中博　周光亮　胡汴生　马草原
　　　　王　莹　齐玉洁　赵雁航　郭　鹏　田　帅
　　　　赵高辉　赵晶垚　朱　瑶　朱卫利　冯文龙
　　　　卢　瑞　崔子函　赫连雪燕　高天乐　袁亚蒙
　　　　张志恒　靳庆贺　王晨璐　马添翼　李子聪
　　　　王飞鹏　申子钰　王　坷　韩亚丹　赵乾坤
　　　　张自云　杜晓瀚　张保家　宗　一　王龙辉
　　　　王晓飞　周　鹏　赵　鑫　徐　栋　贾雨薇
　　　　黄　勇　孟凡利　刘　鹏　靳永志　晋国琴

前　言

近年来，根据《国家电网公司关于试点开展城区低压网格化综合服务的指导意见》的文件要求，各省、市逐步开展市、县城区网格化营配融合服务机构建设，坚持"三个一切"服务理念，坚持以客户为中心，围绕构建"强前端、大后台"的现代服务体系，遵循"资源集约利用、业务集中管控"的工作思路，综合考虑地理区域、台区客户、设备状况、服务半径及现有配电运维、台区经理制，大力推进数字化转型，优化网格设置，推进专业化延伸，缩短业务流程与服务链条，建立城区网格化服务体系，打通服务客户"最后一百米"，提升网格化服务质效，推动服务质量升级。

城区"网格化"管理是近年来国家电网有限公司为进一步优化营商环境采取的一项改革措施，按照"管理统一、市县统一、城乡统一"的原则，各地市供电公司开展内设机构调整和职责优化工作，将市县城区高低压客户管理从营销部专业室分离出来，成立城区网格化机构，按照"网格化服务，团队化管理"要求，整合城区高低压营配班组，实现客户抄表催费、台区线损、用电检查、采集运维、业扩报装、高低压运维检修、故障抢修等现场业务，落实区域高、低压设备运维服务和用户营销专业管理，建立"网格负责人＋台区经理＋设备主人"服务新模式；基于用户和网格经理的视角要求，按照合理精简流程环节、缩短办理时间，建立权责清晰的岗位考核责任制，确保业务高效协同。

　　本书对城区网格化的机构设置、主要岗位的岗位说明书、常用业务流程等进行概括阐述。因各地城区线路网架、基础条件、管理模式的存在差异，城区网格化用工复杂，缺员问题比较突出，供电服务客户多，服务环境差异性大，造成各地城区供电单位的岗位设置、业务流程、高低压营配班组的配置和运行各不相同，本书相关内容仅供参考。

目　录

前言

1　岗位说明

2 业务流程

1

岗位说明

1.1 供电部主任岗位说明

岗位编码： 批准时间：

岗位名称	供电部主任	所属部门	城区供电部		
岗位分类	管理	关键岗位	是		
岗位等级	高岗	特殊工种	否	竞业限制岗位	否

一、工作职责

（1）组织执行国家有关电力方针、政策、法律、法规和上级主管部门颁发的各项规章制度，维护国家利益和企业利益。

（2）负责建立和完善供电部各项规章制度和管理办法。

（3）负责供电部全面工作。

（4）组织制订供电部工作目标和计划，并组织执行。

（5）负责落实安全生产责任制，定期组织安全检查，制订和落实防范事故措施，保证安全、经济、可靠供电。

（6）负责供电部营业业务的监督管理。

（7）负责定期召开经营活动分析例会，对售电量、线损、售电单价、电费回收、增供扩销等工作进行分析研究。

（8）负责接待和处理辖区客户来访。

（9）负责供电部员工的培训和绩效考核相关工作。

（10）完成上级下达的其他各项工作任务

二、基本任职资格

（一）基本条件

学历	本科及以上	学位	无	政治面貌	中共党员

续表

职称专业	无	职称资格	中级及以上	专家人才	无
技能鉴定工种	无	技能鉴定等级	技师及以上	执业资格	无
相关岗位工作经历及从业年限	具有5年营销或生产工作经验				

（二）知识要求

（1）掌握相关的国家法规政策和企业文化知识，具备相应的职业道德。

（2）掌握电工基础、电力安全生产管理、营销管理的基本理论知识。

（3）有较强的管理水平，办公软件操作能力。

（4）了解行业技术管理及发展趋势

（三）能力要求

（1）熟悉公司的发展目标，各项制度及业务流程。

（2）具有较强的计划能力、组织能力、沟通能力、服务意识、学习能力、创新能力和团队领导能力等

（四）通用要求

（1）思想政治素质好，作风正派。

（2）富有敬业精神和良好的职业道德，身心健康，符合岗位工作需要

三、工作特征

工时制度	白班
主要工作场所	室内
高危作业因素	无

四、主要绩效考察范围

（1）年度安全生产目标。

（2）年度经营管理目标。

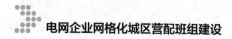

续表

（3）年度党风廉政目标。

（4）年度班组建设目标。

（5）年度培训计划

五、岗位关联重要制度标准

《中华人民共和国电力法》

《电力供应与使用条例》

《电力设施保护条例》

《电力安全事故应急处置和调查处理条例》

《优化营商环境条例》

《供电营业规则》

《国家电网有限公司供电服务标准》

《国家电网有限公司营销现场作业安全工作规程（试行）》

《国家电网有限公司供电服务建设管理办法》

《国家电网有限公司供电服务"十项承诺"和员工服务"十个不准"》

《国家电网公司供电服务质量事件与服务过错认定办法》

《国家电网公司电力安全工作规程（配电部分）的通知》

1.2 供电部支部书记岗位说明

岗位编码：　　　　　批准时间：

岗位名称	供电部支部书记	所属部门	城区供电部		
岗位分类	管理	关键岗位	是		
岗位等级	高岗	特殊工种	否	竞业限制岗位	否

一、工作职责

（1）负责宣传和执行党的路线、方针、政策，执行上级党组织的决议。根据上级党组织的安排和支部的实际开展活动。

（2）坚持"三会一课"制度，坚持民主生活会制度，严格党的组织生活，用创新的精神改进支部组织生活的内容和方式，提高组织生活的质量和效果。

（3）健全和完善党建工作制度，抓好支部班子建设，做好对党员的教育、管理和监督。结合本支部的情况研究拟定工作计划，提出落实的具体措施，及时提交支部委员会讨论决定。

（4）认真做好发展党员工作。做好培养和考察入党积极分子的工作，对基本符合条件的积极分子及时报送学校党总支，参加入党积极分子培训学习，严格按照党章的要求履行入党手续，及时把优秀的同志吸收到党的队伍中来；同时要做好预备党员思想汇报工作，对合格的预备党员要按时讨论转正。

（5）抓好本支部职工的思想教育工作。密切联系群众，定期深入调查分析教职员工的思想动态，结合工作特点，有针对性、经常性地做好党员和群众的思想政治工作。

（6）认真做好党费的收缴工作，做好组织关系转接管理工作。

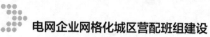

（7）负责城区供电部的宣传报道和舆情防控工作。

（8）负责城区供电部的各类信访稳定工作

二、基本任职资格

（一）基本条件

学历	本科及以上	学位	无	政治面貌	中共党员
职称专业	无	职称资格	中级及以上	专家人才	无
技能鉴定工种	无	技能鉴定等级	技师及以上	执业资格	无
相关岗位工作经历及从业年限	具有 5 年及以上中国共产党党龄				

（二）知识要求

（1）掌握相关的国家法规政策和企业文化知识，具备相应的职业道德。

（2）掌握中国共产党章程和新时代中国特色社会主义基本理论知识。

（3）有较强的管理水平，办公软件操作能力

（三）能力要求

（1）熟悉党的路线、方针、政策和公司的发展目标，各项制度及业务流程。

（2）具有较强的计划能力、组织能力、沟通能力、服务意识、学习能力、创新能力和团队领导能力等

（四）通用要求

（1）思想政治素质好，作风正派。

（2）富有敬业精神和良好的职业道德，身心健康，符合岗位工作需要

续表

三、工作特征

工时制度	白班
主要工作场所	室内
高危作业因素	无

四、主要绩效考察范围

（1）合规班组建设。

（2）廉洁供电所建设。

（3）"四好"党支部建设。

（4）综合民主测评。

（5）宣传和舆情管控。

五、岗位关联重要制度标准

《中国共产党章程》

《中国共产党党史》

《习近平中国特色社会主义思想》

《毛泽东邓小平江泽民论科学发展》

《科学发展观重要论述摘编》

《中国共产党基层组织工作条例》

《中国共产党支部工作条例》

《国网公司党建制度汇编》

1.3 营销副主任岗位说明

岗位编码：   批准时间：

岗位名称	营销副主任	所属部门	城区供电部		
岗位分类	管理	关键岗位	是		
岗位等级	高岗	特殊工种	否	竞业限制岗位	否

一、工作职责

（1）组织执行国家有关电力方针、政策、法律、法规和上级主管部门颁发的各项规章制度，维护国家和企业利益。

（2）协助主任做好建立和完善供电部各项规章制度和管理办法。

（3）组织落实供电部营销业务全过程管理。

（4）组织实施线损管理，开展线损分析、理论线损计算、同期线损治理及整改、考核工作。

（5）督促指导营销专责做好业扩报装、电费电价、电能计量、供用电合同、营业普查、用电检查等工作。

（6）定期组织召开供电所经营分析会，查找问题，制订措施，落实工作要求。

（7）组织开展营配贯通业务平台建设应用和相关指标的管理工作，提高生产和营销在停电管理、故障抢修、设备异动信息等方面的业务协同。

（8）组织开展电能替代项目、电动汽车充换电业务、服务分布式电源等各类新型业务，提高市场竞争力，挖掘潜在客户。

（9）组织开展线上报装、缴费、体验、互动等"互联网+"营销服务的推广应用工作。

（10）协助主任做好接待和处理辖区客户来访。

（11）协助主任做好员工的培训和绩效考核相关工作。

（12）完成公司和主任交办其他工作任务

二、基本任职资格

（一）基本条件

学历	专科及以上	学位	无	政治面貌	无
职称专业	无	职称资格	中级及以上	专家人才	无
技能鉴定工种	无	技能鉴定等级	技师及以上	执业资格	无
相关岗位工作经历及从业年限	具有5年营销工作经验				

（二）知识要求

（1）掌握相关的国家法规政策和企业文化知识，具备相应的职业道德。

（2）掌握电工基础、电力营销管理、安全生产管理的相关知识。

（3）有较强的管理水平，办公软件操作能力。

（4）了解行业技术管理及发展趋势

（三）能力要求

（1）熟悉公司的发展目标，各项营销制度及业务流程。

（2）具有较强的计划能力、组织能力、沟通能力、服务意识、学习能力、创新能力和团队领导能力等

（四）通用要求

（1）思想政治素质好，作风正派。

（2）富有敬业精神和良好的职业道德，身心健康，符合岗位工作需要

续表

三、工作特征

工时制度	白班
主要工作场所	室内
高危作业因素	无

四、主要绩效考察范围

（1）企业负责人考核指标。

（2）年度经营目标。

（3）供电所综合评价指标、供电所星级创建。

（4）计量线损方面。台区线损率、月重损台区治理率、智能周转柜应用率、拆回计量装置回收率、计量箱数字化管理规范率、采集成功率、集控平台业务工单化率、计量装置异常处置率、反窃电线损核查率。

（5）电费电价方面。电费回收率、营销普查、电价数字化普查质效。

（6）营商环境方面。新装时限达标率、变更时限达标率。

（7）供电服务方面。万户投诉率、百户红线问题客户诉求率。

（8）营销现场作业平台应用率。

（9）数字化应用指标

五、岗位关联重要制度标准

《中华人民共和国电力法》

《电力供应与使用条例》

《优化营商环境条例》

《供电营业规则》

《国家电网有限公司电费业务管理办法》

《国家电网有限公司关于印发"阳光业扩"服务工作方案的通知》

《国家电网有限公司供电服务标准》

《国家电网有限公司营销现场作业安全工作规程（试行）》

《国家电网有限公司供电服务建设管理办法》

《国家电网有限公司供电服务"十项承诺"和员工服务"十个不准"》

《国家电网公司供电服务质量事件与服务过错认定办法》

《国家电网有限公司业扩报装管理规则》

《国家电网公司分布式电源并网服务管理规则（修订版）》

《国家电网有限公司业扩供电方案编制导则》

《重要电力用户供电电源及自备应急电源配置技术规范》

《国家发展改革委关于进一步完善分时电价机制的通知》

《国家发展改革委办公厅关于组织开展电网企业代理购电工作有关事项的通知》

《国网营销部关于印发供电营业厅运营管理规范（试行）的通知》

《国家电网有限公司关于印发供电服务"一件事一次办"工作实施方案的通知》

《国家电网有限公司营销管理制度汇编》

1.4 生产副主任岗位说明

岗位编码： 批准时间：

岗位名称	生产副主任	所属部门	城区供电部		
岗位分类	管理	关键岗位	是		
岗位等级	高岗	特殊工种	否	竞业限制岗位	否

一、工作职责

（1）组织执行国家有关电力方针、政策、法律、法规和上级主管部门颁发的各项规章制度，维护国家和企业利益。

（2）协助主任做好建立和完善供电部各项规章制度和管理办法。

（3）协助主任建立健全安全生产责任制，逐级签订安全责任书（承诺书），严格落实安全生产管理规定。

（4）组织制订、实施年度检修、技改、"两措"计划。

（5）组织安全分析会、安全日活动、安全培训、安全检查，分析存在问题，落实整改措施。

（6）组织开展班组安全性评价、作业安全风险辨识和防范，执行标准化作业，确保安全得到有效控制。

（7）建立健全反违章工作机制，开展创建无违章班组活动。

（8）做好电网建设的规划工作，配电网建设改造及业扩的属地管理工作。

（9）完善应急管理体系，开展应急演练活动，组织做好应急抢修值班和应急处理工作。

（10）组织做好部门的交通、消防、治安保卫、信息安全工作。

（11）协助主任做好接待和处理辖区客户来访。

（12）协助主任做好员工的培训和绩效考核相关工作。

（13）完成公司和主任交办其他工作任务

续表

二、基本任职资格

（一）基本条件

学历	专科及以上	学位	无	政治面貌	无
职称专业	无	职称资格	中级及以上	专家人才	无
技能鉴定工种	无	技能鉴定等级	技师及以上	执业资格	无
相关岗位工作经历及从业年限	具有 5 年生产工作经验				

（二）知识要求

（1）掌握相关的国家法规政策和企业文化知识，具备相应的职业道德。

（2）掌握电工基础、电力安全生产管理、营销管理的相关知识。

（3）有较强的管理水平，办公软件操作能力。

（4）了解行业技术管理及发展趋势

（三）能力要求

（1）熟悉公司的发展目标，各项安全规程、制度及业务流程。

（2）具有较强的计划能力、组织能力、沟通能力、服务意识、学习能力、创新能力和团队领导能力等

（四）通用要求

（1）思想政治素质好，作风正派。

（2）富有敬业精神和良好的职业道德，身心健康，符合岗位工作需要

三、工作特征

工时制度	白班
主要工作场所	室内
高危作业因素	人身触电、高处坠落、物体打击、机械伤害、电弧灼伤

续表

四、主要绩效考察范围

（1）年度安全管理目标。

（2）"两票"使用率、合格率。

（3）年度供电可靠率。

（4）故障跳闸率。

（5）供电质量优质率。

（6）数字化应用指标。

（7）配电线路非计划停运率。

（8）台区异常率。

（9）低电压工单数。

（10）主动抢修按时完成率。

（11）主动检修工单完成率。

（12）营配调异常稽查工单治理完成率。

（13）配电自动化终端在线率。

（14）配电自动化终端遥信动作正确率。

（15）低压用户运行信息接入率。

（16）10（6）kV 分压线损率。

（17）10（6）kV 分线线损率。

（18）集控平台业务工单化率。

（19）营销现场作业平台应用率

五、岗位关联重要制度标准

《中华人民共和国电力法》

《电力供应与使用条例》

《国家电网公司电力安全工作规程　第 8 部分：配电部分》

《生产现场作业"十不干"》

《国家电网公司配电网故障抢修管理规定》

《电力设施保护条例》

《电力安全事故应急处置和调查处理条例》

《国家电网有限公司营销现场作业安全工作规程（试行）》

《国家电网公司配电网抢修指挥工作管理办法》

《国家电网有限公司供电服务"十项承诺"和员工服务"十个不准"》

《国家电网公司电缆及通道运维管理规定》

《国网设备部关于建立工单驱动业务配电网管控新模式的指导意见》

《配电网运维规程》

《电力电缆及通道运维规程》

《重要电力用户供电电源及自备应急电源配置技术规范》

《国家电网公司配电网运维管理规定》

《国网设备部关于加强配电网不停电作业安全管控工作的通知》

《国家电网有限公司关于加强设备运检全业务核心班组建设的指导意见》

《国家电网有限公司关于进一步加强生产现场作业风险管控工作的通知》

《国网设备部关于进一步强化生产现场作业风险防控的通知》

《国网设备部关于加强属实投诉和意见工单整治工作的通知》

《国家能源局关于加强电力可靠性管理工作的意见》

《河南能源监管办关于进一步做好频繁停电治理工作的通知》

《配电网设备缺陷分类标准》

《国网河南省电力公司设备部关于开展配电网抢修能力专项行动的通知》

1.5　综合管理副主任岗位说明

岗位编码：　　　　　　批准时间：

岗位名称	综合管理副主任	所属部门	城区供电部		
岗位分类	管理	关键岗位	是		
岗位等级	高岗	特殊工种	否	竞业限制岗位	否

一、工作职责

（1）组织执行国家有关电力方针、政策、法律、法规和上级主管部门颁发的各项规章制度，维护国家和企业利益。

（2）协助主任做好建立和完善供电部各项规章制度和管理办法。

（3）完成公司下达的年度绩效任务和考核指标，按要求进行分解落实，组织检查、监督和考核。

（4）落实城区供电部资料管理，各类报表、台账、记录和信息上报，提高班组信息化应用水平。

（5）组织开展班组建设工作，落实标准化管理，实行定置管理，规范员工行为。

（6）做好办公用品、生活用品的配备，健康食堂建设与管理，公司配备生产用车管理、自用电管理等后勤保障相关各项工作。

（7）按照工作计划和任务完成情况，对员工年度、月度绩效进行考评。

（8）组织制订年度培训计划，开展岗位练兵等活动。

（9）组织开展班组"创争"活动及合理化建议、技术攻关、"五小"、QC小组等群众性经济技术创新活动、提高创新技能。

（10）创建"职工小家"，组织开展文体活动，培养员工高尚的道德情操、构建和谐班组。

续表

（11）落实班务公开制度，组织召开民主生活会。

（12）完成公司和主任交办其他工作任务

二、基本任职资格

（一）基本条件

学历	专科及以上	学位	无	政治面貌	无
职称专业	无	职称资格	中级及以上	专家人才	无
技能鉴定工种	无	技能鉴定等级	技师及以上	执业资格	无
相关岗位工作经历及从业年限	从事专责岗位 3 年以上				

（二）知识要求

（1）掌握相关的国家法规政策和企业文化知识，具备相应的职业道德。

（2）掌握行政管理、后勤保障、电力营销管理、安全生产管理的相关知识。

（3）有较强的管理水平，办公软件操作能力。

（4）了解行业技术管理及发展趋势

（三）能力要求

（1）熟悉公司的发展目标，各项营销制度及业务流程。

（2）具有较强的计划能力、组织能力、沟通能力、服务意识、学习能力、创新能力和团队领导能力等

（四）通用要求

（1）思想政治素质好，作风正派。

（2）富有敬业精神和良好的职业道德，身心健康，符合岗位工作需要

三、工作特征

工时制度	白班
主要工作场所	室内
高危作业因素	无

四、主要绩效考察范围

（1）年度经营管理目标。

（2）安全稳定管理指标。

（3）供电部政务公开。

（4）档案资料电子化率。

（5）年度培训计划。

（6）供电所档案信息准确率。

（7）租赁设备资产档案准确率。

（8）绩效应用率。

（9）供电所合规管理问题整改率

五、岗位关联重要制度标准

《中华人民共和国电力法》

《电力供应与使用条例》

《优化营商环境条例》

《供电营业规则》

《国家电网公司供用电合同管理细则》

《国家电网有限公司关于印发"阳光业扩"服务工作方案的通知》

《国家电网有限公司供电服务标准》

《国家电网有限公司营销现场作业安全工作规程（试行）》

续表

《国家电网有限公司供电服务建设管理办法》

《国家电网有限公司供电服务"十项承诺"和员工服务"十个不准"》

《国家电网公司供电服务质量事件与服务过错认定办法》

《国家电网有限公司业扩报装管理规则》

《国家电网公司合同管理办法》

《国家电网公司生产技能人员培训管理规定》

《国家电网公司应急工作管理规定》

《国家电网公司信息工作管理办法》

1.6　安全员岗位说明

岗位编码：　　　　　　批准时间：

岗位名称	安全员	所属部门	城区供电部		
岗位分类	管理	关键岗位	是		
岗位等级	中岗	特殊工种	否	竞业限制岗位	否

一、工作职责

（1）坚持"安全第一、预防为主、综合治理"的方针，认真贯彻国家有关安全生产的方针、政策、法律、法规和相关技术规程、标准和制度。

（2）负责供电部安全生产管理工作，为安全生产及技术负责人。监督各岗位安全责任制的落实，监督各项安全生产规章制度、安全措施、反事故措施的落实。

（3）负责编制本单位的安全责任清单、安全生产计划、反事故措施计划、安全技术劳动保护措施计划、安全用电宣传计划，建立健全各种安全生产管理资料。

（4）负责本单位人员的安全准入、"三种人"上报工作，负责特种作业人员取证复审工作。

（5）组织开展季节性及重点安全检查，做好安全分析和安全性评价工作。

（6）协助主任和生产副主任定期召开安全工作例会，分析安全形势，研究安全工作，制订并落实安全管理办法，认真开展安全考核。

（7）负责组织开展安全用电宣传和检查工作，指导本辖区用户的安全用电管理工作，对专用变压器用户提供技术指导。

续表

（8）依法保护供电区域内的电力设施，负责做好交通、防火、防盗等安全工作。

（9）配合主任和生产副主任做好生产技术管理，负责辖区设备的运行、维护、检修、故障抢修和评级管理工作。

（10）负责本单位安全工器具、生产工器具及备品备件的管理工作。

（11）负责本单位人员安全教育和技术培训工作。

（12）负责本单位保险理赔工作

二、基本任职资格

（一）基本条件

学历	专科及以上	学位	无	政治面貌	无
职称专业	无	职称资格	中级及以上	专家人才	无
技能鉴定工种	智能用电运营工、电力电缆安装运维工、配电网自动化运维工、配电线路工、高压线路带电检修工（配电）	技能鉴定等级	技师及以上	执业资格	无
相关岗位工作经历及从业年限	具有5年营销工作经验				

（二）知识要求

（1）掌握相关的国家法规政策和企业文化知识，具备相应的职业道德。

（2）掌握电工基础、电力安全生产管理的相关知识。

（3）有较强的管理水平，办公软件操作能力。

（4）了解行业技术管理及发展趋势

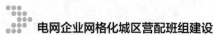

续表

（三）能力要求

（1）熟悉公司的发展目标，各项安全规程、制度及业务流程。

（2）具有较强的计划能力、组织能力、沟通能力、服务意识、学习能力、创新能力和团队领导能力等

（四）通用要求

（1）思想政治素质好，作风正派。

（2）富有敬业精神和良好的职业道德，身心健康，符合岗位工作需要

三、工作特征

工时制度	白班
主要工作场所	室内
高危作业因素	人身触电、高处坠落、物体打击、机械伤害、电弧灼伤

四、主要绩效考察范围

（1）年度安全管理目标。

（2）"两票"使用率、合格率。

（3）年度供电可靠率。

（4）故障跳闸率。

（5）供电质量优质率。

（6）集控平台业务工单化率。

（7）营销现场作业平台应用率。

（8）数字化应用指标。

（9）主动抢修按时完成率。

（10）主动检修工单完成率

五、岗位关联重要制度标准

《中华人民共和国电力法》

《电力供应与使用条例》

《国家电网公司电力安全工作规程 第 8 部分：配电部分》

《生产现场作业"十不干"》

《国家电网公司配电网故障抢修管理规定》

《电力设施保护条例》

《电力安全事故应急处置和调查处理条例》

《国家电网有限公司营销现场作业安全工作规程（试行）》

《国家电网公司配电网抢修指挥工作管理办法》

《国家电网有限公司供电服务"十项承诺"和员工服务"十个不准"》

《国家电网公司电缆及通道运维管理规定》

《国网设备部关于建立工单驱动业务配电网管控新模式的指导意见》

《配电网运维规程》

《电力电缆及通道运维规程》

《重要电力用户供电电源及自备应急电源配置技术规范》

《国家电网公司配电网运维管理规定》

《国网设备部关于加强配电网不停电作业安全管控工作的通知》

《国家电网有限公司关于加强设备运检全业务核心班组建设的指导意见》

《国家电网有限公司关于进一步加强生产现场作业风险管控工作的通知》

《国网设备部关于进一步强化生产现场作业风险防控的通知》

《国网设备部关于加强属实投诉和意见工单整治工作的通知》

《国家能源局关于加强电力可靠性管理工作的意见》

《河南能源监管办关于进一步做好频繁停电治理工作的通知》

1.7 配电运行专责岗位说明

岗位编码： 批准时间：

岗位名称	配电运行专责	所属部门	城区供电部		
岗位分类	管理	关键岗位	是		
岗位等级	中岗	特殊工种	否	竞业限制岗位	否

一、工作职责

（1）执行国家有关安全生产方针、政策、法律、法规和上级主管部门颁发的各项规章制度，维护国家和企业利益。

（2）协助做好和完善供电部配电运行方面规章制度和管理办法。

（3）负责供电部设备运维的技术工作，编制运维检修计划、"两措"计划；负责本单位缺陷隐患的统计及上报工作。

（4）负责本单位配农网工程、技改大修等项目的储备工作。

（5）负责指导配电营业班开展台区建设规划、特殊巡视、接地电阻测试、故障抢修、设备参数调整等。

（6）负责台区设备完好率、电压合格率、图数治理率、报修工单、三相负荷不平衡率、配电变压器重过载等指标管理，制订提升计划并监督落实。

（7）负责10kV配电网和0.4kV台区线损，电压检测与无功补偿工作。

（8）负责协助班组基础管理工作和生产类信息系统应用的指导、检查和督促。

（9）负责管理供电部管辖范围设备台账、设备试验、图纸资料等，督促技术档案的收集、整理、归类等。

（10）负责电网建设的规划工作，配电网建设改造及业扩的属地管理工作。

（11）负责协助开展科技攻关、QC 小组等活动的策划和实施。

（12）完成上级安排的其他临时性工作

二、基本任职资格

（一）基本条件

学历	专科及以上	学位	无	政治面貌	无
职称专业	无	职称资格	中级及以上	专家人才	无
技能鉴定工种	智能用电运营工、电力电缆安装运维工、配电网自动化运维工、配电线路工、高压线路带电检修工（配电）	技能鉴定等级	技师及以上	执业资格	无
相关岗位工作经历及从业年限	具有 5 年生产工作经验				

（二）知识要求

（1）掌握相关的国家法规政策和企业文化知识，具备相应的职业道德。

（2）掌握电工基础、电力安全生产管理、营销管理的相关知识。

（3）有较强的管理水平，办公软件操作能力。

（4）了解行业技术管理及发展趋势

（三）能力要求

（1）熟悉公司的发展目标，各项安全规程、制度及业务流程。

（2）具有较强的计划能力、组织能力、沟通能力、服务意识、学习能力、创新能力和团队领导能力等

续表

（四）通用要求	
（1）思想政治素质好，作风正派。 （2）富有敬业精神和良好的职业道德，身心健康，符合岗位工作需要	

三、工作特征

工时制度	白班
主要工作场所	室内
高危作业因素	人身触电、高处坠落、物体打击、机械伤害、电弧灼伤

四、主要绩效考察范围

（1）年度供电可靠率。

（2）故障跳闸率。

（3）供电质量优质率。

（4）中压、低压线损指标。

（5）电压合格率。

（6）无功功率指标。

（7）配电线路非计划停运率。

（8）停电计划执行率。

（9）营配调异常稽查工单治理完成率。

（10）配电自动化终端在线率。

（11）配电自动化终端遥信动作正确率。

（12）低压用户运行信息接入率。

（13）10（6）kV分压线损率。

（14）10（6）kV分线线损率

五、岗位关联重要制度标准

《中华人民共和国电力法》

《电力供应与使用条例》

《国家电网公司电力安全工作规程　第 8 部分：配电部分》

《生产现场作业"十不干"》

《国家电网公司配电网故障抢修管理规定》

《电力设施保护条例》

《电力安全事故应急处置和调查处理条例》

《国家电网有限公司营销现场作业安全工作规程（试行）》

《国家电网公司配电网抢修指挥工作管理办法》

《国家电网有限公司供电服务"十项承诺"和员工服务"十个不准"》

《国家电网公司电缆及通道运维管理规定》

《国网设备部关于建立工单驱动业务配电网管控新模式的指导意见》

《配电网运维规程》

《电力电缆及通道运维规程》

《重要电力用户供电电源及自备应急电源配置技术规范》

《国家电网公司配电网运维管理规定》

《架空配电线路及设备运行规程》

《10kV 及以下架空配电线路设计技术规程》

《电能计量技术管理规程》

《国家电网有限公司关于加强设备运检全业务核心班组建设的指导意见》

《国网设备部关于加强属实投诉和意见工单整治工作的通知》

《国家能源局关于加强电力可靠性管理工作的意见》

《河南能源监管办关于进一步做好频繁停电治理工作的通知》

《配电网设备缺陷分类标准》

《国网河南省电力公司设备部关于开展配电网抢修能力专项行动的通知》

1.8 配电自动化专责岗位说明

岗位编码： 批准时间：

岗位名称	配电自动化专责	所属部门	城区供电部		
岗位分类	管理	关键岗位	是		
岗位等级	中岗	特殊工种	否	竞业限制岗位	否

一、工作职责

（1）执行国家有关电力方针、政策、法律、法规和上级主管部门颁发的各项规章制度，维护国家和企业利益。

（2）负责制订和完善本部门配电自动化运行方面规章制度和管理办法。

（3）掌握辖区内配电线路、电气设备的运行方式，有关保护及自动装置的性能。

（4）负责自动化设备的规划、设计、建设、改造、测试、验收、运维、设备定级和质量评定工作。

（5）负责配电自动化设备的运行维护、运行统计分析并按期上报。

（6）负责配电自动化终端的巡视检查、故障处理、运行日志记录、信息定期核对等工作。

（7）负责配电线路、电气设备的设备技术改造、参数调整及现场管理工作。

（8）负责提升配电网和台区设备自动化水平，制订防范措施，控制设备事故发生。

（9）负责建立设备台账、设备试验、图纸资料、设备缺陷和测试记录等台账，PMS系统档案更新。

（10）负责配电网自动化建设的规划工作，建设改造及业扩的属地管理工作。

（11）负责变、配电设备的运行、试验、检修计划，参加变、配电设备故障抢修及调查、分析、处理。

（12）参加电气设备事故分析，制订提升计划并监督落实。

（13）完成上级安排的其他临时性工作

二、基本任职资格

（一）基本条件

学历	专科及以上	学位	无	政治面貌	无
职称专业	工程类、信息类	职称资格	中级及以上	专家人才	无
技能鉴定工种	电力负荷控制员、智能用电运营工、配电网自动化运维工、配电线路工	技能鉴定等级	高级工及以上	执业资格	无
相关岗位工作经历及从业年限		具有线路、配电专业 3 年以上生产工作经验			

（二）知识要求

（1）掌握相关的国家法规政策和企业文化知识，具备相应的职业道德。

（2）掌握电工基础、电力安全生产管理、营销管理的相关知识。

（3）掌握变、配电设备运行、试验、检修技能，熟悉变、配电设备的检修、试验工艺标准、方法等。

（4）有较强的管理水平，办公软件操作能力

（三）能力要求

（1）熟悉公司的发展目标，各项安全规程、制度及业务流程。

（2）具有较强的计划能力、组织能力、沟通能力、服务意识、学习能力、创新能力和团队领导能力等

续表

（四）通用要求	
（1）思想政治素质好，作风正派。	
（2）富有敬业精神和良好的职业道德，身心健康，符合岗位工作需要	

三、工作特征

工时制度	白班
主要工作场所	室内
高危作业因素	人身触电、高处坠落、物体打击、机械伤害、电弧灼伤

四、主要绩效考察范围

（1）年度供电可靠率。

（2）配电终端月平均在线率。

（3）配电自动化终端在线率。

（4）配电自动化终端遥信动作正确率。

（5）终端接入率。

（6）低压用户运行信息接入率。

（7）每百公里线路跳闸次数。

（8）公用配电变压器停运率。

（9）配电线路非计划停运率

五、岗位关联重要制度标准

《中华人民共和国电力法》

《电力供应与使用条例》

《国家电网公司电力安全工作规程　第8部分：配电部分》

《生产现场作业"十不干"》

《国家电网公司配电网故障抢修管理规定》

《电力设施保护条例》

《电力安全事故应急处置和调查处理条例》

《国家电网有限公司营销现场作业安全工作规程（试行）》

《国家电网公司配电网抢修指挥工作管理办法》

《中华人民共和国安全生产法》

《国家电网公司电缆及通道运维管理规定》

《中华人民共和国突发事件应对法》

《配电网运维规程》

《电力电缆及通道运维规程》

《重要电力用户供电电源及自备应急电源配置技术规范》

《国家电网公司配电网运维管理规定》

《架空配电线路及设备运行规程》

《10kV 及以下架空配电线路设计技术规程》

《电能计量技术管理规程》

《国家突发公共事件总体应急预案》

《中华人民共和国电力安全事故应急处置和调查处理条例》

《中华人民共和国生产安全事故应急条例》

《国家电网公司安全事故调查规程》

1.9　配电检修专责岗位说明

岗位编码：　　　　　批准时间：

岗位名称	配电检修专责	所属部门	城区供电部		
岗位分类	管理	关键岗位	是		
岗位等级	中岗	特殊工种	否	竞业限制岗位	否

一、工作职责

（1）执行国家有关电力方针、政策、法律、法规和上级主管部门颁发的各项规章制度，维护国家和企业利益。

（2）协助做好和完善供电部配电检修方面规章制度和管理办法。

（3）落实各项安生产责任制，提升班组成员安全意识及技能水平，创建无违章班组。

（4）负责本单位缺陷隐患的消除闭环工作。

（5）负责本单位配农网工程、技改大修等项目的过程管理工作。

（6）负责供电服务指挥中心派发抢修类工单的处理和回复。

（7）负责配合客户端供电保障工作。

（8）负责辖区 10kV 及以下电力设施安防、安保、防汛设备运检和配电线路通道防护。

（9）负责辖区 10kV 及以下配电网设备（含 0.4kV 计量设备）一体化抢修，7×24 小时抢修值班。

（10）负责辖区电网建设及 10kV 及以上配电网运检、抢修的属地协调。

（11）负责应急管理，开展应急演练活动，组织做好应急抢修值班和应急处理工作。

（12）负责管理供电所管辖范围设备台账、设备试验、图纸资料等，督促技术档案的收集、整理、归类等。

（13）负责电网建设的规划工作，配电网建设改造及业扩的属地管理工作。

（14）完成上级安排的其他临时性工作

二、基本任职资格

（一）基本条件

学历	专科及以上	学位	无	政治面貌	无
职称专业	无	职称资格	中级及以上	专家人才	无
技能鉴定工种	电力电缆安装运维工、配电网自动化运维工、配电线路工、高压线路带电检修工（配电）、农网配电营业工（台区经理）	技能鉴定等级	技师及以上	执业资格	无
相关岗位工作经历及从业年限	具有 5 年生产工作经验				

（二）知识要求

（1）掌握相关的国家法规政策和企业文化知识，具备相应的职业道德。

（2）掌握电工基础、电力安全生产管理、营销管理的相关知识。

（3）有较强的管理水平，办公软件操作能力。

（4）了解行业技术管理及发展趋势

（三）能力要求

（1）熟悉公司的发展目标，各项安全规程、制度及业务流程。

（2）具有较强的计划能力、组织能力、沟通能力、服务意识、学习能力、创新能力和团队领导能力等

（四）通用要求

（1）思想政治素质好，作风正派。

（2）富有敬业精神和良好的职业道德，身心健康，符合岗位工作需要

三、工作特征

工时制度	7×24 小时轮班
主要工作场所	室内
高危作业因素	人身触电、高处坠落、物体打击、机械伤害、电弧灼伤

四、主要绩效考察范围

（1）年度供电可靠率。

（2）故障跳闸率。

（3）供电质量优质率。

（4）抢修复电及时率。

（5）集控平台业务工单化率。

（6）营销现场作业平台应用率。

（7）配电线路非计划停运率。

（8）台区异常率。

（9）低电压工单数。

（10）主动抢修按时完成率。

（11）主动检修工单完成率

五、岗位关联重要制度标准

《中华人民共和国电力法》

《电力供应与使用条例》

《国家电网公司电力安全工作规程 第 8 部分：配电部分》

《生产现场作业"十不干"》

《国家电网公司配电网故障抢修管理规定》

《电力设施保护条例》

《电力安全事故应急处置和调查处理条例》

《国家电网有限公司营销现场作业安全工作规程（试行）》

《国家电网公司配电网抢修指挥工作管理办法》

《国家电网有限公司供电服务"十项承诺"和员工服务"十个不准"》

《国家电网公司电缆及通道运维管理规定》

《国网设备部关于建立工单驱动业务配电网管控新模式的指导意见》

《配电网运维规程》

《电力电缆及通道运维规程》

《重要电力用户供电电源及自备应急电源配置技术规范》

《国家电网公司配电网运维管理规定》

《架空配电线路及设备运行规程》

《10kV 及以下架空配电线路设计技术规程》

《电能计量技术管理规程》

《国网设备部关于加强属实投诉和意见工单整治工作的通知》

《国家能源局关于加强电力可靠性管理工作的意见》

《配电网设备缺陷分类标准》

《国网河南省电力公司设备部关于开展配电网抢修能力专项行动的通知》

1.10 市场拓展及需求侧管理专责岗位说明

岗位编码： 批准时间：

岗位名称	市场拓展及需求侧管理专责	所属部门	城区供电部		
岗位分类	管理	关键岗位	是		
岗位等级	中岗	特殊工种	否	竞业限制岗位	否

一、工作职责

（1）组织执行国家有关电力方针、政策、法律、法规和上级主管部门颁发的各项规章制度，维护国家和企业利益。

（2）协助主任做好建立和完善供电部各项规章制度和管理办法。

（3）负责电力市场开拓管理，制订年度开拓市场方案，结合本地区经济发展目标和电力供需特点，制订需求侧管理规划和年度电力需求侧管理工作计划，提出负荷管理目标、节电目标和实施方案等。

（4）编制"有序用电表"，报请政府批准后执行，监测电网负荷，出现电力供需缺口时，及时启动有序用电方案。负责建立负控终端台账的建立与维护，对大客户的用电负荷情况实施监测。

（5）负责市场占有率指标管理，宣传推广电力能源技术，引导客户使用电力示范项目，组织检查、清理地方电厂和自备电厂转供电，规范营业区，积极引导自备电厂转公用，提高市场占有率。

（6）负责电力市场分析预测，负责销售侧电力市场分析预测工作的基础材料收集工作。进行阶段性销售侧电力市场分析预测的有效性评估工作，指导基层供电公司开展销售侧电力市场分析与预测工作。

（7）引导客户淘汰低效用电设备，引导电力用户采用科学的用电方式和先进的用电技术。

续表

（8）加强电力需求侧管理政策的宣传和标准、知识、技术等方面培训，引导客户移峰填谷，科学合理用电。

（9）向客户提供有关节电的技术信息、咨询和培训、能效测试、项目实施等一系列服务，以及采用先进节能技术的推广示范。

（10）完成上级交办其他工作任务

二、基本任职资格

（一）基本条件

学历	专科及以上	学位	无	政治面貌	无
职称专业	无	职称资格	初级及以上	专家人才	无
技能鉴定工种	电力负荷控制员、智能用电运营工、客户代表、用电监察员	技能鉴定等级	高级工及以上	执业资格	无
相关岗位工作经历及从业年限	具有 3 年营销工作经验				

（二）知识要求

（1）掌握相关的国家法规政策和企业文化知识，具备相应的职业道德。

（2）熟悉电力法律法规，掌握电力生产、供电系统和市场营销方面的基础理论知识。

（3）掌握上级关于需求侧管理工作的要求。

（4）了解客户生产工艺流程、负荷性质、主要电气设备及生产设备的技术性能和运行方式

（三）能力要求

（1）具有较强的文字与语言表达能力、较强的执行力和学习能力，热爱本岗位工作。

（2）具有较强的计算机操作能力、组织与沟通协调能力

（四）通用要求

（1）思想政治素质好，作风正派。

（2）富有敬业精神和良好的职业道德，身心健康，符合岗位工作需要

三、工作特征

工时制度	白班
主要工作场所	室内
高危作业因素	人身触电、高处坠落、物体打击、机械伤害、电弧灼伤

四、主要绩效考察范围

（1）新装客户负控安装率。

（2）负控装置安装投运率。

（3）负控装置运行完好率。

（4）营配调异常稽查工单治理完成率。

（5）配电自动化终端在线率。

（6）配电自动化终端遥信动作正确率。

（7）低压用户运行信息接入率。

（8）负荷预测。

（9）电力市场分析与预测各类报表。

（10）负荷率。

（11）市场占有率。

（12）市场占有率增长量。

（13）市场开拓电量

五、岗位关联重要制度标准

《中华人民共和国电力法》

《电力供应与使用条例》

《国家电网公司电力安全工作规程（配电部分）》

《生产现场作业"十不干"》

《中华人民共和国节约能源法》

《电力设施保护条例》

《电力安全事故应急处置和调查处理条例》

《国家电网有限公司营销现场作业安全工作规程（试行）》

《国家电网公司配电网抢修指挥工作管理办法》

《国家电网有限公司供电服务"十项承诺"和员工服务"十个不准"》

《国家电网公司电缆及通道运维管理规定》

《国网设备部关于建立工单驱动业务配电网管控新模式的指导意见》

《配电网运维规程》

《电力电缆及通道运维规程》

《重要电力用户供电电源及自备应急电源配置技术规范》

《国家电网公司配电网运维管理规定》

《电力需求侧管理办法》

《国家电网有限公司业扩报装管理规则》

《国家电网公司分布式电源并网服务管理规则（修订版）》

《国家电网有限公司业扩供电方案编制导则》

《重要电力用户供电电源及自备应急电源配置技术规范》

《国家电网有限公司一线员工供电服务行为规范》

《国网营销部关于印发〈电费业务管理办法（试行）〉的通知》

1.11 线损计量专责岗位说明

岗位编码： 批准时间：

岗位名称	线损计量	所属部门	营销部		
岗位分类	管理	关键岗位	否		
岗位等级	中岗	特殊工种	是	竞业限制岗位	否

一、工作职责

（1）贯彻执行国家和上级颁发的有关法律法规、政策、标准和公司相关规定。

（2）完成上级下达的各项工作任务和考核指标。

（3）负责电能信息数据采集及台区线损管理。

（4）负责落实计量体系建设与运行、计量标准执行、计量技术指导、计量检定授权申请、计量监督管理、计量故障差错调查和处理，负责计量装置和用电信息采集系统建设业务实施。

（5）负责计量业务工单派发及处理业务实施。

（6）负责指导、监督公司线损计量专业工作开展和实施；对公司线损计量专业管理工作进行检查、指导评价与考核

二、基本任职资格

（一）基本条件

学历	本科及以上	学位	学士学位	政治面貌	无
职称专业	无	职称资格	中级及以上	专家人才	无

续表

技能鉴定工种	装表接电工、用电检查员、抄表核算收费员	技能鉴定等级	高级工及以上	执业资格	特种作业操作证（高压电工作业）
相关岗位工作经历及从业年限	具有 3 年工作经验				

（二）知识要求

（1）掌握相关的国家法规政策和企业文化知识，具备相应的职业道德和敬业精神。

（2）掌握计量相关规定规程、电工基础、低压配电网运维、电力营销服务、安全生产的相关知识。

（3）有较强的业务技能水平，掌握常用办公软件操作等

（三）能力要求

（1）熟悉公司的发展目标，各项安全规程、制度、工作标准及业务流程。

（2）掌握相关业务知识，能够熟练使用各种生产、安全工器具。

（3）具有较强的计划能力、执行能力、沟通能力、协调能力、服务意识、学习能力、创新能力等

（四）通用要求

（1）思想政治素质好，作风正派，富有敬业精神和良好的职业道德。

（2）具备履行岗位职责所需的身体条件。

（3）安规考试合格，通过市县供电公司组织的年度培训考试

三、工作特征

工时制度	8h 工作制（24h 值班制）
主要工作场所	室内、室外
高危作业因素	人身触电、高处坠落、物体打击、机械伤害、电弧灼伤、中毒、窒息

四、主要绩效考察范围

（1）采集成功率。

（2）45min 复电成功率。

（3）计量箱数字化档案覆盖率。

（4）计量线上化作业率。

（5）计量资产库龄合格率。

（6）计量装置配置合格率。

（7）月重损台区数量。

（8）台区线损目标完成率。

（9）反窃电目标完成率。

（10）窃电线索核查率。

（11）计量装置防窃电"一案一改"完成率。

（12）智能周转柜应用率。

（13）拆回计量装置回收率。

（14）计量箱数字化管理规范率

五、岗位关联重要制度标准

《中华人民共和国电力法》

《电力供应与使用条例》

《供电营业规则》

《电力设施保护条例》

《国家电网有限公司供电服务"十项承诺"和员工服务"十个不准"》

《生产现场作业"十不干"》

《国家电网公司电力安全工作规程　第 8 部分：配电部分》

《国家电网有限公司营销现场作业安全工作规程（试行）》

《国家电网公司供电服务规范》

《国家电网有限公司计量装置设备主人制管理办法》

《国家电网有限公司客户安全用电服务若干规定（试行）》

《架空配电线路及设备运行规程》

《10kV 及以下架空配电线路设计技术规程》

《电能计量装置技术管理规程》

《国网营销部关于印发营销专业标准化作业指导书的通知》

《国家电网有限公司低压用电管理办法》

1.12 优质服务技术专责岗位说明

岗位编码：　　　　　批准时间：

岗位名称	优质服务技术专责	所属部门	营销部		
岗位分类	管理	关键岗位	是		
岗位等级	中岗	特殊工种	否	竞业限制岗位	否

一、工作职责

（1）贯彻执行国家、行业有关安全法规制度及工作要求，落实公司安全有关工作部署。

（2）贯彻落实公司优质服务方针政策。

（3）编制本单位优质服务工作规划，并组织实施。

（4）组织协调优质服务常态运行机制的实施。

（5）组织协调供电服务品质评价工作的实施。

（6）制订与策划供电服务品牌推广工作并组织实施。

（7）指导服务渠道、营业窗口建设和管理。

（8）客户关系管理工作规划与实施。

（9）组织本单位开展优质服务工作

二、基本任职资格

（一）基本条件

学历	专科及以上	学位	无	政治面貌	无
职称专业	无	职称资格	中级及以上	专家人才	无

续表

技能鉴定工种	农网配电营业工（综合柜员）、用电客户受理员、抄表核算收费员、客户代表、农网配电营业工（台区经理）	技能鉴定等级	高级工及以上	执业资格	无
相关岗位工作经历及从业年限	专科学历的应从事专业工作5年及以上				

（二）知识要求

（1）具备履行本岗位职责的基础知识、专业知识、相关知识和指导本专业开展正常业务工作的能力。了解营销过程，掌握本岗位工作和相关工作的业务流程、工作内容与要求。

（2）熟悉与本岗位工作有关的文件和规定，掌握营销质量管理体系运行方法和质量控制要点，了解本专业检查与考核内容。

（3）具有较强的市场意识、全局意识、安全意识、服务意识和创新意识，持续改进本岗位业务工作绩效

（三）能力要求

（1）熟悉本岗位工作职责，能调整适应工作环境和工作条件，掌握完成本岗位工作任务所必需的知识，胜任本职工作，及时完成本岗位规定的、上级临时交办的各项任务。

（2）有能力协调上下左右相关部门和人员共同开展工作。

（3）有能力对本职工作中的重要问题做出正确分析判断，适时排难求进或获得帮助，推动工作进展。

（4）有较强的语言表达和文学书写能力，能撰写文章、总结报告、调查报告，制订工作计划和工作改进措施

续表

（四）通用要求

（1）严格遵守国家法律、法规，诚实守信、恪守承诺。

（2）爱岗敬业，乐于奉献，廉洁自律，秉公办事

三、工作特征

工时制度	白班
主要工作场所	室内
高危作业因素	无

四、主要绩效考察范围

（1）万户投诉率。

（2）百户红线问题客户诉求率。

（3）客户服务满意度。

（4）工单处理及时率。

（5）网格工作电话有效应用率

五、岗位关联重要制度标准

《中华人民共和国电力法》

《电力供应与使用条例》

《优化营商环境条例》

《供电营业规则》

《国家能源局关于印发〈12398能源监管热线投诉处理办法〉的通知》

《国家电网有限公司电费业务管理办法》

《国家电网有限公司关于印发"阳光业扩"服务工作方案的通知》

《国家电网有限公司供电服务标准》

《国家电网有限公司营销现场作业安全工作规程（试行）》

《国家电网有限公司供电服务建设管理办法》

《国家电网有限公司供电服务"十项承诺"和员工服务"十个不准"》

《国家电网公司供电服务质量事件与服务过错认定办法》

《国家电网有限公司业扩报装管理规则》

《国家电网公司分布式电源并网服务管理规则（修订版）》

《国家电网有限公司业扩供电方案编制导则》

《重要电力用户供电电源及自备应急电源配置技术规范》

《国家发展改革委关于进一步完善分时电价机制的通知》

《国家发展改革委办公厅关于组织开展电网企业代理购电工作有关事项的通知》

《国网营销部关于印发供电营业厅运营管理规范（试行）的通知》

《国家电网有限公司关于印发供电服务"一件事一次办"工作实施方案的通知》

1.13 电费电价专责岗位说明

岗位编码：　　　　　批准时间：

岗位名称	电费电价专责	所属部门	营销部		
岗位分类	管理	关键岗位	否		
岗位等级	中岗	特殊工种	否	竞业限制岗位	否

一、工作职责

（1）贯彻落实有关销售点击 的法律、法规、制度和文件。

（2）配合开展监督、检查电费电价执行情况，处理销售电价执行中存在的问题。

（3）负责制订电费回收措施，做好电费回收的月、季、年统计、分析及考核工作。

（4）负责每月抄表数据复核、电费审核发行，负责电费类异常工单接收、处理工作。

（5）负责客户电费退补。

（6）负责营销相关报表审核、上报。

（7）负责本单位电费收缴、账务处理和发票管理。

（8）负责电价电费的统计和分析，为公司决策提供数据支持。

（9）负责电量预测、分布式电源用户电费结算等代理购电相关工作。

（10）负责电费电价政策培训及客户服务工作。

（11）完成上级交办的其他相关工作

二、基本任职资格

（一）基本条件

学历	专科及以上	学位	无	政治面貌	无

续表

职称专业	无	职称资格	中级及以上	专家人才	无
技能鉴定工种	农网配电营业工（综合柜员）、用电客户受理员、抄表核算收费员	技能鉴定等级	高级工及以上	执业资格	无
相关岗位工作经历及从业年限		从事营销专业工作5年及以上			

（二）知识要求

（1）熟悉国家和电力系统有关营销管理的政策规定及电力营销的相关知识。

（2）熟练掌握电价相关政策及各类用户电费计算方法。

（3）熟练掌握抄核收、费控业务的工作和流程；熟练掌握电量预测方法和流程。

（4）具备较强的数据分析和处理能力，能够熟练使用相关办公软件和工具。

（5）具备良好的沟通协调能力和团队合作精神，工作认真负责，能够承受一定的工作压力。

（6）了解电力系统各相关专业的工作和流程

（三）能力要求

具有一定的文字与语言表达能力、计算机操作能力、组织与沟通协调能力、工作创新能力、领导能力、较强的执行力和学习能力

（四）通用要求

（1）严格遵守国家法律、法规，诚实守信、恪守承诺。

（2）爱岗敬业，乐于奉献，廉洁自律，秉公办事

三、工作特征

工时制度	白班

续表

主要工作场所	室内
高危作业因素	无

四、主要绩效考察范围

（1）电费回收率。

（2）当期电费发行到账率。

（3）电费预收冲抵率。

（4）电价系统普查质效。

（5）电价现场普查质效。

（6）用户解析地址治理质效。

（7）自有渠道缴费率。

（8）电价执行正确率。

（9）抄核收管理管理质效

五、岗位关联重要制度标准

《中华人民共和国电力法》

《电力供应与使用条例》

《优化营商环境条例》

《供电营业规则》

《国家电网有限公司关于印发"阳光业扩"服务工作方案的通知》

《国家电网有限公司供电服务标准》

《国家电网有限公司营销现场作业安全工作规程（试行）》

《国家电网有限公司供电服务建设管理办法》

《国家电网有限公司供电服务"十项承诺"和员工服务"十个不准"》

《国家电网公司供电服务质量事件与服务过错认定办法》

《国家电网有限公司业扩报装管理规则》

续表

《国家电网公司分布式电源并网服务管理规则（修订版）》

《国家电网有限公司业扩供电方案编制导则》

《重要电力用户供电电源及自备应急电源配置技术规范》

《国家电网有限公司一线员工供电服务行为规范》

《国网营销部关于印发〈电费业务管理办法（试行）〉的通知》

《国家发展改革委办公厅关于组织开展电网企业代理购电工作有关事项的通知》

《国网营销部关于印发供电营业厅运营管理规范（试行）的通知》

《国家电网有限公司关于印发供电服务"一件事一次办"工作实施方案的通知》

1.14 客户用电技术专责岗位说明

岗位编码： 批准时间：

岗位名称	客户用电技术专责岗位	所属部门	城区供电部		
岗位分类	管理	关键岗位	是		
岗位等级	中岗	特殊工种	否	竞业限制岗位	否

一、工作职责

（1）组织执行国家有关电力方针、政策、法律、法规和上级主管部门颁发的各项规章制度，维护国家和企业利益。

（2）做好市场开拓、重要客户管理工作，能效管理项目实施、建设与运营，电动汽车充换电设施、智能小区及光纤到户建设、运营管理和推广工作，客户侧分布式电源接入等。

（3）负责辖区内客户新装、增容等业务，提供业务受理、现场勘查、方案编制、供用电合同签订、验收送电组织等全过程服务，负责档案管理。

（4）负责对业务受理人员业扩流程指导，监控业扩工单质量，对权限范围内的客户提出供电方案，权限范围内的客户设计审查、中间检查和竣工验收申请的接收。

（5）负责客户用电业务的咨询和预约服务，相关用电业务电话回访工作。

（6）负责日常营业厅业扩政策方面宣传资料的准备和发放工作。

（7）客户档案资料的管理，业务量的汇总、分析、存档。

（8）组织开展电能替代项目、电动汽车充换电业务、服务分布式电源等各类新型业务，提高市场竞争力，挖掘潜在客户。

（9）完成上级交办其他工作任务

续表

二、基本任职资格

（一）基本条件

学历	专科及以上	学位	无	政治面貌	无
职称专业	无	职称资格	中级及以上	专家人才	无
技能鉴定工种	无	技能鉴定等级	技师及以上	执业资格	无
相关岗位工作经历及从业年限	具有 5 年生产或营销工作经验				

（二）知识要求

（1）掌握相关的国家法规政策和企业文化知识，具备相应的职业道德。

（2）掌握电工基础、电力营销管理、安全生产管理的相关知识。

（3）有较强的管理水平，办公软件操作能力。

（4）了解行业技术管理及发展趋势

（三）能力要求

（1）熟悉公司的发展目标，各项营销制度及业务流程。

（2）具有较强的计划能力、组织能力、沟通能力、服务意识、学习能力、创新能力和团队领导能力等

（四）通用要求

（1）思想政治素质好，作风正派。

（2）富有敬业精神和良好的职业道德，身心健康，符合岗位工作需要

三、工作特征

工时制度	白班
主要工作场所	室内
高危作业因素	无

续表

四、主要绩效考察范围

（1）年度经营管理目标。

（2）业扩资料规范率。

（3）业扩办理时限达标率。

（4）优化电力营商环境重点任务完成率。

（5）营商环境评价"获得电力"指标。

（6）"阳光一站通"协同应用率

五、岗位关联重要制度标准

《中华人民共和国电力法》

《电力供应与使用条例》

《优化营商环境条例》

《供电营业规则》

《国家电网有限公司电费业务管理办法》

《国家电网有限公司关于印发"阳光业扩"服务工作方案的通知》

《国家电网有限公司供电服务标准》

《国家电网有限公司营销现场作业安全工作规程（试行）》

《国家电网有限公司供电服务建设管理办法》

《国家电网有限公司供电服务"十项承诺"和员工服务"十个不准"》

《国家电网公司供电服务质量事件与服务过错认定办法》

《国家电网有限公司业扩报装管理规则》

《国家电网公司分布式电源并网服务管理规则（修订版）》

《国家电网有限公司业扩供电方案编制导则》

《重要电力用户供电电源及自备应急电源配置技术规范》

《国家发展改革委关于进一步完善分时电价机制的通知》

《国家发展改革委办公厅关于组织开展电网企业代理购电工作有关事项的通知》

《国网营销部关于印发供电营业厅运营管理规范（试行）的通知》

《国家电网有限公司关于印发供电服务"一件事一次办"工作实施方案的通知》

1.15 综合事务专责岗位说明

岗位编码： 批准时间：

岗位名称	综合事务专责岗位	所属部门	城区供电部		
岗位分类	管理	关键岗位	是		
岗位等级	中岗	特殊工种	否	竞业限制岗位	否

一、工作职责

（1）组织执行国家有关电力方针、政策、法律、法规和上级主管部门颁发的各项规章制度，维护国家和企业利益。

（2）做好文件的登记，归档和办公室印信管理。

（3）负责本单位的成本项目统计、上报工作及成本项目进度监督工作。

（4）落实供电部资料管理，各类报表、台账、记录和信息上报，提高班组信息化应用水平。

（5）组织开展班组建设工作，落实标准化管理，实行定置管理，规范员工行为。

（6）安排部门会议，准备会议材料，做好会议记录。

（7）做好办公用品、生活用品的配备，环境卫生、健康食堂建设与管理，公司配备生产用车管理、自用电管理等后勤保障相关各项工作。

（8）开展日常考勤管理，做好考勤统计、上报工作，按照工作计划和任务完成情况，对员工年度、月度绩效进行考评。

（9）组织制订年度培训计划，开展岗位练兵等活动。

（10）组织开展班组"创争"活动及合理化建议、技术攻关、"五小"、QC小组等群众性经济技术创新活动，提高创新技能。

（11）创建"职工小家"，组织开展文体活动，培养员工高尚的道德情操，构建和谐班组。

（12）落实班务公开制度，组织召开民主生活会。

（13）完成公司和主任交办其他工作任务

二、基本任职资格

（一）基本条件

学历	专科及以上	学位	无	政治面貌	无
职称专业	无	职称资格	中级及以上	专家人才	无
技能鉴定工种	无	技能鉴定等级	高级工及以上	执业资格	无
相关岗位工作经历及从业年限	具有 3 年办公室或营销工作经验				

（二）知识要求

（1）掌握相关的国家法规政策和企业文化知识，具备相应的职业道德。

（2）掌握行政管理、后勤保障、电力营销管理、安全生产管理的相关知识。

（3）有较强的管理水平，办公软件操作能力。

（4）了解行业技术管理及发展趋势

（三）能力要求

（1）熟悉公司的发展目标，各项营销制度及业务流程。

（2）具有较强的计划能力、组织能力、沟通能力、服务意识、学习能力、创新能力和团队领导能力等

（四）通用要求

（1）思想政治素质好，作风正派。

（2）富有敬业精神和良好的职业道德，身心健康，符合岗位工作需要

续表

三、工作特征

工时制度	白班
主要工作场所	室内
高危作业因素	无

四、主要绩效考察范围

（1）年度经营管理目标。

（2）安全稳定管理指标。

（3）供电部政务公开。

（4）档案资料电子化率。

（5）年度培训计划

五、岗位关联重要制度标准

《中华人民共和国电力法》

《电力供应与使用条例》

《优化营商环境条例》

《供电营业规则》

《国家电网公司供用电合同管理细则》

《国家电网有限公司关于印发"阳光业扩"服务工作方案的通知》

《国家电网有限公司供电服务标准》

《国家电网有限公司营销现场作业安全工作规程（试行）》

《国家电网有限公司供电服务建设管理办法》

《国家电网有限公司供电服务"十项承诺"和员工服务"十个不准"》

《国家电网公司供电服务质量事件与服务过错认定办法》

《国家电网有限公司业扩报装管理规则》

《国家电网公司合同管理办法》

《国家电网公司生产技能人员培训管理规定》

《国家电网公司应急工作管理规定》

《国家电网公司信息工作管理办法》

1.16　高压业扩班班长岗位说明

岗位编码：　　　　　批准时间：

岗位名称	高压业扩班长	所属部门	城区供电部		
岗位分类	管理	关键岗位	是		
岗位等级	中岗	特殊工种	否	竞业限制岗位	否

一、工作职责

（1）执行国家有关安全生产方针、政策、法律、法规和上级主管部门颁发的各项规章制度，维护国家和企业利益。

（2）本班组安全生产第一责任人，全面负责本班组安全生产工作。组织宣贯安全政策、事故及反违章通报，定期开展安全学习。负责本班组安全工器具、生产工器具及备品备件的管理工作。

（3）受理10kV及以上业扩报装工作（含高压光伏、高压充电桩业扩工程）。

（4）制订科学合理的供电方案，最大限度减少客户投资（电价电费、计量、现场安全三方面的业务知识都要掌握）。

（5）负责10kV新增客户高压供用电合同的签订。

（6）负责协调、沟通各部门进行10kV业扩工程验收，以保证接入电网设备安全可靠运行。

（7）负责班组基础管理工作和员工绩效考核。

（8）完成上级安排的其他临时性工作

二、基本任职资格

（一）基本条件

学历	专科及以上	学位	无	政治面貌	无

职称专业	无	职称资格	中级及以上	专家人才	无
技能鉴定工种	抄核收/农网配电营业工	技能鉴定等级	技师及以上	执业资格	无
相关岗位工作经历及从业年限		具有3年营销计量专业、电费电价专业工作经验			

（二）知识要求

（1）掌握相关的国家法规政策和企业文化知识，具备相应的职业道德。

（2）掌握电工基础、电力安全生产管理、营销管理的相关知识。

（3）有较强的管理水平，办公软件操作能力。

（4）了解行业技术管理及发展趋势

（三）能力要求

（1）熟悉公司的发展目标，各项营销管理制度及业务流程；熟悉地方政府关于新能源发展相关政策。

（2）熟悉辖区内配电网线路运行情况，熟悉电费电价政策，熟悉计量专业相关业务，熟悉配电网工程现场安全管理。

（3）具有较强的计划能力、组织能力、沟通能力、服务意识、学习能力、创新能力和团队领导能力等

（四）通用要求

（1）思想政治素质好，作风正派。

（2）富有敬业精神和良好的职业道德，身心健康，符合岗位工作需要

三、工作特征

工时制度	白班
主要工作场所	室内
高危作业因素	业扩"三指定"红线、廉政"十不准"

续表

四、主要绩效考察范围

（1）营商环境评价（客户满意度）。

（2）高压业扩超时限。

（3）业扩工程审计和巡视巡察

五、岗位关联重要制度标准

《中华人民共和国电力法》

《电力供应与使用条例》

《国家电网公司电力安全工作规程　第8部分：配电部分》

《国家电网有限公司供电服务"十项承诺"和员工服务"十个不准"》

《重要电力用户供电电源及自备应急电源配置技术规范》

《10kV及以下架空配电线路设计技术规程》

《电能计量技术管理规程》

《国网设备部关于加强属实投诉和意见工单整治工作的通知》

《国家能源局关于加强电力可靠性管理工作的意见》

《国家发展改革委办公厅关于组织开展电网企业代理购电工作有关事项的通知》

《国家发展改革委关于进一步完善分时电价机制的通知》

《国家电网有限公司业扩供电方案编制导则》

《优化营商环境条例》

《供电营业规则》

《国家电网公司供用电合同管理细则》

《国家电网有限公司关于印发"阳光业扩"服务工作方案的通知》

《国家电网有限公司供电服务标准》

《国家电网有限公司供电服务建设管理办法》

《国家电网有限公司业扩报装管理规则》

《国家电网公司合同管理办法》

《国家电网有限公司营销现场作业安全工作规程（试行）》

消防有关文件

光伏文件

《国家电网有限公司关于印发供电服务"一件事一次办"工作实施方案的通知》（国家电网营销〔2023〕150号）

1.17 高压业扩班用电服务工岗位说明

岗位编码：　　　　　批准时间：

岗位名称	高压业扩班用电服务工	所属部门	城区供电部		
岗位分类	技能	关键岗位	是		
岗位等级	低岗	特殊工种	否	竞业限制岗位	否

一、工作职责

（1）执行国家有关安全生产方针、政策、法律、法规和上级主管部门颁发的各项规章制度，维护国家和企业利益。

（2）受理10kV及以上业扩报装工作（含高压光伏、高压充电桩业扩工程）。

（3）制订科学合理的供电方案，最大限度减少客户投资（电价电费、计量、现场安全三方面的业务知识都要掌握）。

（4）负责10kV新增客户高压供用电合同的签订。

（5）负责协调、沟通各部门进行10kV业扩工程验收，以保证接入电网设备安全可靠运行。

（6）负责班组基础管理工作和员工绩效考核。

（7）完成上级安排的其他临时性工作

二、基本任职资格

（一）基本条件

学历	专科及以上	学位	无	政治面貌	无
职称专业	无	职称资格	初级及以上	专家人才	无

续表

技能鉴定工种	抄核收／农网配电营业工	技能鉴定等级	中级工及以上	执业资格	无
相关岗位工作经历及从业年限		从事营销专业工作 3 年			

（二）知识要求

（1）掌握相关的国家法规政策和企业文化知识，具备相应的职业道德。

（2）掌握电工基础、电力安全生产管理、营销管理的相关知识。

（3）有较强的执行力，办公软件操作能力。

（4）了解行业技术管理及发展趋势

（三）能力要求

（1）熟悉公司的发展目标，各项营销管理制度及业务流程；熟悉地方政府关于新能源发展相关政策。

（2）熟悉辖区内配电网线路运行情况，熟悉电费电价政策，熟悉计量专业相关业务，熟悉配电网工程安全管理。

（3）具有较强的沟通能力、服务意识、学习能力、创新能力和团结协作能力等

（四）通用要求

（1）思想政治素质好，作风正派。

（2）富有敬业精神和良好的职业道德，身心健康，符合岗位工作需要

三、工作特征

工时制度	白班
主要工作场所	室内
高危作业因素	业扩"三指定"红线；国网河南省电力公司业扩报装"十个不准"

续表

四、主要绩效考察范围

（1）营商环境评价（客户满意度）。

（2）高压业扩超时限。

（3）业扩工程审计和巡视巡察

五、岗位关联重要制度标准

《中华人民共和国电力法》

《电力供应与使用条例》

《国家电网公司电力安全工作规程（配电部分）》

《国家电网有限公司供电服务"十项承诺"和员工服务"十个不准"》

《重要电力用户供电电源及自备应急电源配置技术规范》

《10kV 及以下架空配电线路设计技术规程》

《电能计量技术管理规程》

《国网设备部关于加强属实投诉和意见工单整治工作的通知》

《国家能源局关于加强电力可靠性管理工作的意见》

《国家发展改革委办公厅关于组织开展电网企业代理购电工作有关事项的通知》

《国家发展改革委关于进一步完善分时电价机制的通知》

《国家电网有限公司业扩供电方案编制导则》

《优化营商环境条例》

《供电营业规则》

《国家电网公司供用电合同管理细则》

《国家电网有限公司关于印发"阳光业扩"服务工作方案的通知》

《国家电网有限公司供电服务标准》

《国家电网有限公司供电服务建设管理办法》

《国家电网有限公司业扩报装管理规则》

《国家电网公司合同管理办法》

《国家电网有限公司营销现场作业安全工作规程（试行）》

《国家电网有限公司关于印发供电服务"一件事一次办"工作实施方案的通知》

1.18 计量装表班班长岗位说明

岗位编码： 批准时间：

岗位名称	计量装表班班长	所属部门	城区供电部		
岗位分类	管理	关键岗位	是		
岗位等级	中岗	特殊工种	否	竞业限制岗位	否

一、工作职责

（1）执行国家有关安全生产方针、政策、法律、法规和上级主管部门颁发的各项规章制度，维护国家和企业利益。

（2）本班组安全生产第一责任人，全面负责本班组安全生产工作；组织宣贯安全政策、事故及反违章通报，定期开展安全学习；负责本班组安全工器具、生产工器具及备品备件的管理工作。

（3）协助供电部做好和完善供电部计量装表方面规章制度和管理办法。

（4）负责管理供电部辖区内高低压客户、供电考核表、台区关口计量装置的安装、验收、调试、故障处理、运维、更换工作。

（5）负责二级库房的建设及管理。

（6）参与 10kV 线损管理和 400V 线损管理。

（7）负责管理供电部管辖范围内 10kV 客户和台区考核电能计量装置设备台账、设备试验、图纸资料等，督促技术档案的收集、整理、归类等。

（8）完成上级安排的其他临时性工作

二、基本任职资格

（一）基本条件

学历	专科及以上	学位	无	政治面貌	无
职称专业	无	职称资格	中级及以上	专家人才	无

续表

技能鉴定工种	抄核收员 / 电能表检定员	技能鉴定等级	技师及以上	执业资格	无
相关岗位工作经历及从业年限	具有 3 年营销专业管理工作经验				

（二）知识要求

（1）掌握相关的国家法规政策和企业文化知识，具备相应的职业道德。

（2）掌握电工基础、电力安全生产管理、营销管理的相关知识。

（3）有较强的管理水平，办公软件操作能力。

（4）了解行业技术管理及发展趋势

（三）能力要求

（1）熟悉公司的发展目标，各项安全规程、计量检定操作规程、制度及业务流程。

（2）具有较强的计划能力、组织能力、沟通能力、服务意识、学习能力、创新能力和团队领导能力等

（四）通用要求

（1）思想政治素质好，作风正派。

（2）富有敬业精神和良好的职业道德，身心健康，符合岗位工作需要

三、工作特征

工时制度	白班
主要工作场所	室内
高危作业因素	人身触电、高处坠落、物体打击、机械伤害、电弧灼伤

四、主要绩效考察范围

（1）台区线损率。

（2）专用、公用变压器用电信息采集合格率。

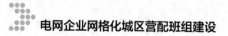

续表

（3）三封一锁两开关完成率。

（4）计量装置数字化建档完成率、合格率。

（5）计量装置拆回率。

（6）日冻结采集成功率。

（7）营销现场作业平台应用率、规范率

五、岗位关联重要制度标准

《中华人民共和国电力法》

《电力供应与使用条例》

《国家电网公司电力安全工作规程　第8部分：配电部分》

《生产现场作业"十不干"》

《国家电网有限公司营销现场作业安全工作规程（试行）》

《国家电网有限公司供电服务"十项承诺"和员工服务"十个不准"》

《电能计量技术管理规程》

《国网设备部关于加强属实投诉和意见工单整治工作的通知》

《国家能源局关于加强电力可靠性管理工作的意见》

《国家发展改革委办公厅关于组织开展电网企业代理购电工作有关事项的通知》

《国家发展改革委关于进一步完善分时电价机制的通知》

1.19 计量装表工岗位说明

岗位编码：　　　　　批准时间：

岗位名称	计量装表工	所属部门	城区供电部		
岗位分类	技能	关键岗位	是		
岗位等级	低岗	特殊工种	否	竞业限制岗位	否

一、工作职责

（1）执行国家有关安全生产方针、政策、法律、法规和上级主管部门颁发的各项规章制度，维护国家和企业利益。

（2）执行供电部计量装表方面规章制度和管理办法。

（3）负责供电部辖区内高低压客户、供电考核表、台区关口计量装置的安装、验收、调试、故障处理、运维、更换工作。

（4）负责二级库房的建设及管理。

（5）参与 10kV 线损管理和 400V 线损管理。

（6）负责管理供电部管辖范围内 10kV 客户和台区考核电能计量装置设备台账、设备试验、图纸资料等，督促技术档案的收集、整理、归类等。

（7）完成上级安排的其他临时性工作

二、基本任职资格

（一）基本条件

学历	专科及以上	学位	无	政治面貌	无
职称专业	无	职称资格	初级及以上	专家人才	无
技能鉴定工种	抄核收员 / 电能表检定员	技能鉴定等级	中级工及以上	执业资格	无

71

续表

相关岗位工作经历及从业年限	无

（二）知识要求

（1）掌握相关的国家法规政策和企业文化知识，具备相应的职业道德。

（2）掌握电工基础、电力安全生产管理、营销管理的相关知识。

（3）有规范的现场操作能力，办公软件操作能力。

（4）了解行业技术管理及发展趋势

（三）能力要求

（1）熟悉公司的发展目标，各项安全规程、计量检定操作规程、制度及业务流程。

（2）具有较强的服务意识、学习能力、现场实操能力等

（四）通用要求

（1）思想政治素质好，作风正派。

（2）富有敬业精神和良好的职业道德，身心健康，符合岗位工作需要

三、工作特征

工时制度	白班
主要工作场所	室内和室外
高危作业因素	人身触电、高处坠落、物体打击、机械伤害、电弧灼伤

四、主要绩效考察范围

（1）台区线损率。

（2）专用、公用变压器用电信息采集合格率。

（3）"三封一锁"两开关完成率。

（4）计量装置数字化建档完成率、合格率。

（5）计量装置拆回率。

（6）日冻结采集成功率。

（7）营销现场作业平台应用率、规范率

五、岗位关联重要制度标准

《中华人民共和国电力法》

《电力供应与使用条例》

《国家电网公司电力安全工作规程（配电部分）》

《生产现场作业"十不干"》

《国家电网有限公司营销现场作业安全工作规程（试行）》

《国家电网有限公司供电服务"十项承诺"和员工服务"十个不准"》

《电能计量技术管理规程》

《国网设备部关于加强属实投诉和意见工单整治工作的通知》

《国家能源局关于加强电力可靠性管理工作的意见》

《国家发展改革委办公厅关于组织开展电网企业代理购电工作有关事项的通知》

《国家发展改革委关于进一步完善分时电价机制的通知》

1.20 综合班班长岗位说明

岗位编码： 批准时间：

岗位名称	综合班班长	所属部门	营销部（供电所）		
岗位分类	管理	关键岗位	否		
岗位等级	中岗	特殊工种	否	竞业限制岗位	否

一、工作职责

（1）认真贯彻执行国家有关方针政策、法律法规和上级单位下发的标准、通用规章制度。

（2）负责综合班全面工作，落实安全生产责任制。

（3）负责营业厅运营管理。

（4）负责供电部（所）信息系统监控、分析、工单的下达，抢修类派工单的下派、登记收集、工单回访、工单抽查等工作，督促、检查、考核配电营业班各项工作。

（5）负责组织做好供电部（所）7×8h综合值班岗运行工作。

（6）负责供电部（所）会议相关准备及组织工作。

（7）协助供电部主任（供电所所长）、副主任（供电所副所长）开展综合业务管理与指导，完成相关总结与报表。

（8）组织做好各类资料收集、整理、归档管理工作，确保资料的真实性、正确性。

（9）落实年度培训目标与计划的起草工作，并报供电部主任（供电所长）审批后实施。

（10）落实环境卫生、后勤服务的管理工作

二、基本任职资格

（一）基本条件

学历	专科及以上	学位	无	政治面貌	无
职称专业	无	职称资格	中级及以上	专家人才	无
技能鉴定工种	农网配电营业工（综合柜员）、抄表核算收费员、用电客户受理员、客户代表	技能鉴定等级	高级工及以上	执业资格	无
相关岗位工作经历及从业年限	具有 5 年及以上营销工作经验				

（二）知识要求

（1）掌握相关的国家法规政策和企业文化知识，具备相应的职业道德和敬业精神。

（2）掌握电工基础、低压配电网运维、电力营销服务、安全生产的相关知识。

（3）有较强的业务技能，熟练掌握公司相关系统的运用、监控与维护方法，掌握常用办公软件操作等

（三）能力要求

（1）熟悉公司的发展目标，各项安全规程、制度、工作标准及业务流程。

（2）掌握相关业务知识，能够熟练运用公司相关生产系统。

（3）具有较强的组织能力、管理能力、计划能力、执行能力、语言沟通能力、协调能力、学习能力、创新能力等综合能力。

（4）了解行业技术管理及发展趋势

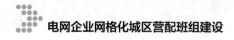

续表

（四）通用要求

（1）思想政治素质好，作风正派，富有敬业精神和良好的职业道德。

（2）具备履行岗位职责所需的身体条件。

（3）安规考试合格，通过市县供电公司组织的"三种人（工作票签发人、工作许可人、工作负责人）"及其他培训考试

三、工作特征

工时制度	8h 工作制（24h 值班制）
主要工作场所	室内
高危作业因素	无

四、主要绩效考察范围

（1）售电量。

（2）公用变压器台区低压线损率。

（3）电费回收率。

（4）中压线路线损率。

（5）重过载台区占比。

（6）用电信息采集成功率。

（7）费控自动执行成功率。

（8）低压业扩服务时限达标率。

（9）百台公用变压器关口考核表故障更换次数。

（10）移动终端应用率。

（11）营配贯通数据对应率。

（12）计量资产管理规范率。

（13）百户抢修工单率。

（14）电能信息采集中器离线率。

（15）万户投诉率

五、岗位关联重要制度标准

《中华人民共和国电力法》

《电力供应与使用条例》

《供电营业规则》

《电力设施保护条例》

《国家电网有限公司供电服务"十项承诺"和员工服务"十个不准"》

《国家电网有限公司关于修订供电服务"十项承诺"和打造国际领先电力营商环境三年工作方案的通知》

《国家电网公司电力安全工作规程 第8部分：配电部分》

《国家电网有限公司营销现场作业安全工作规程（试行）》

《国家电网公司供电服务规范》

《国家电网公司供电客户服务提供标准》

《国家电网公司供电服务质量标准》

《国家电网有限公司客户安全用电服务若干规定（试行）》

《国家电网有限公司一线员工供电服务行为规范》

《国家电网有限公司业扩报装管理规则》

《国家电网有限公司业扩供电方案编制导则》

《国家电网有限公司关于印发"阳光业扩"服务工作方案的通知》

《优化营商环境条例》

《国家电网有限公司关于印发优化电力营商环境再提升行动方案的通知》

《国家发展改革委国家能源局关于全面提升"获得电力"服务水平持续优化用电营商环境的意见》

《国家电网有限公司员工奖惩规定》

《国网设备部关于加强属实投诉和意见工单整治工作的通知》

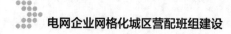

《国家电网有限公司关于开展客户受电工程"三指定"问题专项治理的通知》

《国家能源局关于印发〈国家能源局用户受电工程"三指定"行为认定指引〉的通知》

《国网营销部关于细化漠视群众利益问题分类标准的通知》

《国家电网公司供电服务质量事件与服务过错认定办法》

《国家电网有限公司低压用电管理办法》

《国网营销部关于印发营销专业标准化作业指导书的通知》

《互动化供电营业厅建设规范》

《国网营销部关于印发供电营业厅运营管理规范（试行）的通知》

《国家电网有限公司客户安全用电服务若干规定（试行）》

《国家电网有限公司关于印发供电服务"一件事一次办"工作实施方案的通知》

1.21 配电营业班班长岗位说明

岗位编码： 批准时间：

岗位名称	配电营业班长	所属部门	营销部（供电所）		
岗位分类	技能	关键岗位	否		
岗位等级	中岗	特殊工种	是	竞业限制岗位	否

一、工作职责

（1）认真贯彻执行国家有关方针政策、法律法规和上级单位下发的通用标准、规章制度。

（2）负责配电营业班全面工作。

（3）落实安全生产责任制。

（4）负责制订班组工作计划并监督落实。

（5）负责配电营业班工作完成情况和工作质量的检查和考核。

（6）组织做好辖区内低压线路和设备的运行维护、缺陷管理及故障抢修。

（7）组织做好辖区内低压客户的业扩报装、装表接电、抄表收费、用电检查等业务。

（8）负责推广电能替代、电动汽车充换电、分布式电源、"互联网＋"渠道应用等新型业务。

（9）负责移动作业终端日常管理。

（10）负责组织配电营业班成员进行安全、技能培训

二、基本任职资格

（一）基本条件

学历	专科及以上	学位	无	政治面貌	无

续表

职称专业	无	职称资格	中级及以上	专家人才	无
技能鉴定工种	农网配电营业工（台区经理）、电力电缆安装运维工、配电网自动化运维工、配电线路工	技能鉴定等级	高级工及以上	执业资格	特种作业操作证（高压电工作业）
相关岗位工作经历及从业年限	具有3年配电及营销工作经验				

（二）知识要求

（1）掌握相关的国家法规政策和企业文化知识，具备相应的职业道德和敬业精神。

（2）掌握电工基础、低压配电网运维、电力营销服务、安全生产的相关知识。

（3）有较强的业务技能，熟练掌握移动作业终端的使用方法，掌握常用办公软件操作等

（三）能力要求

（1）熟悉公司的发展目标，各项安全规程、制度、工作标准及业务流程。

（2）掌握相关业务知识，能够熟练使用各种生产、安全工器具。

（3）具有较强的组织能力、管理能力、计划能力、执行能力、沟通能力、协调能力、学习能力、创新能力等。

（4）了解行业技术管理及发展趋势

（四）通用要求

（1）思想政治素质好，作风正派，富有敬业精神和良好的职业道德。

（2）具备履行岗位职责所需的身体条件。

（3）安规考试合格，通过市县供电公司组织的"三种人（工作票签发人、工作许可人、工作负责人）"及其他培训考试

三、工作特征

工时制度	8h 工作制（24h 值班制）
主要工作场所	室内、室外
高危作业因素	人身触电、高处坠落、物体打击、机械伤害、电弧灼伤、中毒、窒息

四、主要绩效考察范围

（1）售电量。

（2）公变台区低压线损率。

（3）电费回收率。

（4）万户投诉率。

（5）配电设备完好率。

（6）重过载台区占比。

（7）用电信息采集率。

（8）费控自动执行成功率。

（9）低压业扩服务时限达标率。

（10）百台公用变压器关口考核表故障更换次数。

（11）移动终端应用率。

（12）营配贯通数据对应率

五、岗位关联重要制度标准

《中华人民共和国电力法》

《电力供应与使用条例》

《供电营业规则》

《电力设施保护条例》

《国家电网有限公司供电服务"十项承诺"和员工服务"十个不准"》

《生产现场作业"十不干"》

《国家电网公司电力安全工作规程　第8部分：配电部分》

《国家电网有限公司营销现场作业安全工作规程（试行）》

《国家电网公司供电服务规范》

《国家电网公司配电网故障抢修管理规定》

《国家电网公司供电客户服务标准》

《电力安全事故应急处置和调查处理条例》

《配电网运维规程》

《国家电网公司供电服务质量标准》

《国家电网有限公司业扩供电方案编制导则》

《国家电网有限公司客户安全用电服务若干规定（试行）》

《架空配电线路及设备运行规程》

《10kV及以下架空配电线路设计技术规程》

《电能计量技术管理规程》

《国网设备部关于加强属实投诉和意见工单整治工作的通知》

《优化营商环境条例》

《国家电网有限公司一线员工供电服务行为规范》

《国网营销部关于细化漠视群众利益问题分类标准的通知》

《国家电网有限公司员工奖惩规定》

《国家电网有限公司关于开展客户受电工程"三指定"问题专项治理的通知》

《国家电网有限公司关于印发优化电力营商环境再提升行动方案的通知》

《国家发展改革委国家能源局关于全面提升"获得电力"服务水平持续优化用电营商环境的意见》

《国家能源局关于印发〈国家能源局用户受电工程"三指定"行为认定指引〉的通知》

《国家电网公司供电服务质量事件与服务过错认定办法》

《国网营销部关于印发营销专业标准化作业指导书的通知》

《国家电网有限公司低压用电管理办法》

《国家电网有限公司关于印发供电服务"一件事一次办"工作实施方案的通知》

1.22 配电营业班副班长岗位说明

岗位编码： 批准时间：

岗位名称	配电营业班副班长	所属部门	营销部（供电所）		
岗位分类	技能	关键岗位	否		
岗位等级	中岗	特殊工种	是	竞业限制岗位	否

一、工作职责

（1）贯彻执行国家和上级颁发的有关法律法规、政策、标准和公司相关规定。

（2）配合班长完成配电营业班的各项工作。

（3）配合班长对班组工作计划进行监督落实。

（4）配合班长对配电营业班成员的工作完成情况和工作质量进行检查。

（5）配合完成上级供电服务指挥中心派发抢修类工单的处理和回复。

（6）落实安全生产责任制，配合开展配电变压器及线路设备现场巡检维护、检修、故障抢修（含配电网和计量设备）、工程验收等工作。

（7）负责收集低压线路设备相关数据，及时报告线路设备变化情况。

（8）配合进行 0.4kV 装表接电、计量资产管理。

（9）配合完成窃电或疑似窃电的线损异常台区工单查实和处理。

（10）配合业扩报装现场工作及计量装置异常核查处理工作。

（11）参与推行电能替代、电动汽车充换电、服务分布式电源客户、推广互联网渠道应用等新型业务。

（12）配合处理用户投诉、咨询、意见等工单

续表

二、基本任职资格

（一）基本条件

学历	专科及以上	学位	无	政治面貌	无
职称专业	无	职称资格	初级及以上	专家人才	无
技能鉴定工种	农网配电营业工（台区经理）、电力电缆安装运维工、配电网自动化运维工、配电线路工	技能鉴定等级	高级工及以上	执业资格	特种作业操作证（高压电工作业）
相关岗位工作经历及从业年限		具有3年配电及营销工作经验			

（二）知识要求

（1）掌握相关的国家法规政策和企业文化知识，具备相应的职业道德和敬业精神。

（2）掌握电工基础、低压配电网运维、电力营销服务、安全生产的相关知识。

（3）有较强的业务技能，熟练掌握移动作业终端的使用方法，掌握常用办公软件操作等

（三）能力要求

（1）熟悉公司的发展目标，各项安全规程、制度、工作标准及业务流程。

（2）掌握相关业务知识，能够熟练使用各种生产、安全工器具。

（3）具有较强的组织能力、管理能力、计划能力、执行能力、沟通能力、协调能力、学习能力、创新能力等。

（4）了解行业技术管理及发展趋势

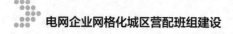

续表

（四）通用要求

（1）思想政治素质好，作风正派，富有敬业精神和良好的职业道德。

（2）具备履行岗位职责所需的身体条件。

（3）安规考试合格，通过市县供电公司组织的"三种人（工作票签发人、工作许可人、工作负责人）"及其他培训考试

三、工作特征

工时制度	8h 工作制（24h 值班制）
主要工作场所	室内、室外
高危作业因素	人身触电、高处坠落、物体打击、机械伤害、电弧灼伤、中毒、窒息

四、主要绩效考察范围

（1）售电量。

（2）公用变压器台区低压线损率。

（3）电费回收率。

（4）万户投诉率。

（5）配电设备完好率。

（6）重过载台区占比。

（7）用电信息采集率。

（8）费控自动执行成功率。

（9）低压业扩服务时限达标率。

（10）百台公变关口考核表故障更换次数。

（11）移动终端应用率。

（12）营配贯通数据对应率。

（13）月度公用配电变压器停运率。

（14）中压、低压线损指标。

（15）电压合格率

五、岗位关联重要制度标准

《中华人民共和国电力法》

《电力供应与使用条例》

《供电营业规则》

《电力设施保护条例》

《国家电网有限公司供电服务"十项承诺"和员工服务"十个不准"》

《生产现场作业"十不干"》

《国家电网公司电力安全工作规程 第8部分：配电部分》

《国家电网有限公司营销现场作业安全工作规程（试行）》

《国家电网公司供电服务规范》

《国家电网公司配电网故障抢修管理规定》

《国家电网公司供电客户服务标准》

《电力安全事故应急处置和调查处理条例》

《配电网运维规程》

《国家电网公司供电服务质量标准》

《国家电网有限公司业扩供电方案编制导则》

《国家电网有限公司客户安全用电服务若干规定（试行）》

《架空配电线路及设备运行规程》

《10kV及以下架空配电线路设计技术规程》

《电能计量技术管理规程》

《国网设备部关于加强属实投诉和意见工单整治工作的通知》

《优化营商环境条例》

《国家电网有限公司一线员工供电服务行为规范》

《国网营销部关于细化漠视群众利益问题分类标准的通知》

《国家电网有限公司员工奖惩规定》

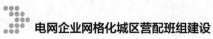

《国家电网有限公司关于开展客户受电工程"三指定"问题专项治理的通知》

《国家电网有限公司关于印发优化电力营商环境再提升行动方案的通知》

《国家发展改革委国家能源局关于全面提升"获得电力"服务水平持续优化用电营商环境的意见》

《国家能源局关于印发〈国家能源局用户受电工程"三指定"行为认定指引〉的通知》

《国家电网公司供电服务质量事件与服务过错认定办法》

《国网营销部关于印发营销专业标准化作业指导书的通知》

《国家电网有限公司低压用电管理办法》

《国家电网有限公司关于印发供电服务"一件事一次办"工作实施方案的通知》

《国网营销部关于印发〈重大活动客户侧保电工作规范（试行）〉的通知》

《国网营销部关于印发 2023 年台区线损管理和反窃防窃工作安排的通知》

《国家电网有限公司关于加强反窃查违人身安全防护工作的通知》

《网营销部关于加强迎峰度冬期间反窃电工作的通知》

《国家电网有限公司反窃电管理办法》

《国家电网公司计量现场手持设备管理办法》

1.23 综合值班岗位说明

岗位编码：　　　　　批准时间：

岗位名称	综合值班岗	所属部门	营销部	
岗位分类	技能	关键岗位	否	
岗位等级	低岗	特殊工种	否	竞业限制岗位	否

一、工作职责

（1）负责供电所各类业务的发起和终结。

（2）统筹调度本所各类资源，全面掌控业务过程，及时信息反馈，做到上传下达。

（3）负责供电所业务指标管控、异常数据稽查、工作任务派发及督办、工单办结及质效评价。

（4）负责供电所全业务流转在线监控和质量管控。

（5）负责供电所主动服务质量监控和异常报告。

（6）负责处理供电服务指挥中心、营销稽查和各类系统派发的工单。监测信息系统异常数据并派发工单进行处理，即线损异常、用电信息采集覆盖率、采集成功率、营配数据一致率、营销稽查异常数据、停复电处理、三相负荷不平衡、低电压、重过载台区等。

（7）负责供电所各种指标数据、工作量等统计分析考核。

（8）负责供电服务事件问题调查和整改措施、责任、教育落实。

（9）负责接收上级单位各专业管理延伸工作的安排。

（10）负责安排各类施工现场安全监督等工作。

（11）负责接受并组织其他临时性工作

续表

二、基本任职资格

（一）基本条件

学历	专科及以上	学位	无	政治面貌	无
职称专业	无	职称资格	初级及以上	专家人才	无
技能鉴定工种	农网配电营业工（综合柜员）、抄表核算收费员、用电检查员、用电客户受理员	技能鉴定等级	高级工及以上	执业资格	无
相关岗位工作经历及从业年限	具有5年及以上营销工作经验				

（二）知识要求

（1）掌握相关的国家法规政策和企业文化知识，具备相应的职业道德和敬业精神。

（2）掌握电工基础、低压配电网运维、电力营销服务、安全生产的相关知识。

（3）有较强的业务技能，熟练掌握公司相关系统的运用、监控与维护方法，掌握常用办公软件操作等

（三）能力要求

（1）熟悉公司的发展目标，各项安全规程、制度、工作标准及业务流程。

（2）掌握相关业务知识，能够熟练运用公司相关生产系统。

（3）具有较强的组织能力、管理能力、计划能力、执行能力、语言沟通能力、协调能力、学习能力、创新能力等综合能力。

（4）了解行业技术管理及发展趋势

续表

（四）通用要求

（1）每班值班人员 3 人，设 1 名负责人，原则上由供电部副主任（供电所副所长）、综合班班长担任，1~2 名系统监控员，由运检技术员、客户服务员担任。

（2）具备履行岗位职责所需的身体条件。

（3）安规考试合格，通过市县供电公司组织的"三种人（工作票签发人、工作许可人、工作负责人）"及其他培训考试

三、工作特征

工时制度	7×8h 工作制（24h 值班制）
主要工作场所	室内
高危作业因素	无

四、主要绩效考察范围

（1）中压线路线损率。

（2）公变台区低压线损率。

（3）万户投诉率。

（4）重过载台区占比。

（5）低电压台区占比。

（6）用电信息采集成功率。

（7）费控自动执行成功率。

（8）低压业扩服务时限达标率。

（9）三相负荷不平衡台区占比。

（10）营配贯通数据对应率。

（11）百户抢修工单率。

（12）电采集中器离线率。

（13）分布式电源群调群控率。

（14）HPLC 双模覆盖率。

（15）月重损台区治理率。

（16）供电部（所）档案信息准确率

五、岗位关联重要制度标准

《中华人民共和国电力法》

《电力供应与使用条例》

《供电营业规则》

《电力设施保护条例》·

《国家电网有限公司供电服务"十项承诺"和员工服务"十个不准"》

《国家电网有限公司关于修订供电服务"十项承诺"和打造国际领先电力营商环境三年工作方案的通知》

《国家电网公司电力安全工作规程（配电部分）》

《国家电网有限公司营销现场作业安全工作规程（试行）》

《国家电网公司供电服务规范》

《国家电网公司供电客户服务提供标准》

《国家电网公司供电服务质量标准》

《国家电网有限公司业扩报装管理规则》

《国家电网有限公司业扩供电方案编制导则》

《国家电网有限公司关于印发"阳光业扩"服务工作方案的通知》

《优化营商环境条例》

《国家电网有限公司关于印发优化电力营商环境再提升行动方案的通知》

《国家发展改革委国家能源局关于全面提升"获得电力"服务水平持续优化用电营商环境的意见》

《国家电网有限公司员工奖惩规定》

《国家电网公司电能计量故障、差错调查处理规定》

《国家电网公司供电服务质量事件与服务过错认定办法》

《国家电网有限公司低压用电管理办法》

《国家电网有限公司客户安全用电服务若干规定（试行）》

《国家电网公司用电信息采集终端质量监督管理办法》

《国家电网公司用电信息采集系统运行维护管理办法》

《重要电力用户供电电源及自备应急电源配置技术规范》

《国网营销部关于印发〈重大活动客户侧保电工作规范（试行）〉的通知》

《国家电网有限公司供电服务事件应急预案》（第 3 次修订—2020 年）

《国网营销部关于印发〈营销服务舆情调查处置实施细则〉的通知》

《国网营销部关于印发〈突发重大营销服务舆情事件应急处置方案〉的通知》

1.24 线路长岗位说明

岗位编码：　　　　　批准时间：

岗位名称	线路长	所属部门	城区供电部		
岗位分类	技能	关键岗位	是		
岗位等级	低岗	特殊工种	是	竞业限制岗位	否

一、工作职责

（1）贯彻执行国家和上级颁发的有关法律法规、政策、标准及相关规定。

（2）完成班组下达的相关任务和考核指标。

（3）负责辖区内 10（20）kV 配电网线路和设备的运行管理和巡视工作。

（4）负责辖区内 10（20）kV 配电网线路和设备的缺陷管理和故障抢修工作。

（5）负责辖区内 10（20）kV 配电网线路线损和无功管理工作。

（6）负责辖区内 10（20）kV 专用变压器用户业扩报装和变更用电工作。

（7）负责辖区内 10（20）kV 用户用电检查工作，开展窃电和违约用电工作。

（8）负责辖区内 10（20）kV 用户计量装置的安装、运行和维护工作。

（9）负责辖区内 10（20）kV 用户的抄核收工作。

（10）负责辖区内 10（20）kV 用户的优质服务工作。

（11）负责辖区内电力设施保护宣传工作。

（12）完成上级安排的其他临时性工作

续表

二、基本任职资格

（一）基本条件

学历	专科及以上	学位	无	政治面貌	无
职称专业	无	职称资格	初级及以上	专家人才	无
技能鉴定工种	智能用电运营工、电力电缆安装运维工、配电网自动化运维工、配电线路工、高压线路带电检修工（配电）	技能鉴定等级	高级工及以上	执业资格	特种作业操作证（高压电工作业）
相关岗位工作经历及从业年限	具有5年生产工作经验				

（二）知识要求

（1）掌握相关的国家法规政策和企业文化知识，具备相应的职业道德。

（2）掌握电工基础、电力安全生产管理、中压配电网运维、营销管理的相关知识。

（3）有较强的业务技能，掌握常用办公软件操作能力等。

（4）了解行业技术管理及发展趋势

（三）能力要求

（1）熟悉公司的发展目标，各项安全规程、制度及业务流程。

（2）有较强的理论基础和专业技能，具有较强的管理能力、组织能力、执行能力、服务意识、学习能力、创新能力和团队领导能力等。

（3）掌握相关业务知识，能够熟练使用各种生产、安全工器具

续表

（四）通用要求

（1）思想政治素质好，作风正派。

（2）身心健康，富有团队精神，具有良好的职业道德素质和敬业精神，符合岗位工作需要。

（3）安规考试合格，通过市县供电公司组织的"三种人（工作票签发人、工作许可人、工作负责人）"及其他培训考试

三、工作特征

工时制度	5×8h 工作制（7×24h 值班制）
主要工作场所	室内、室外
高危作业因素	人身触电、高处坠落、物体打击、机械伤害、电弧灼伤、中毒、窒息等

四、主要绩效考察范围

（1）售电量。

（2）年度供电可靠率。

（3）故障跳闸。

（4）配电线路非计划停运率。

（5）配电自动化终端在线率。

（6）配电自动化终端遥信动作正确率。

（7）供电质量优质率。

（8）中压线损指标。

（9）电压合格率。

（10）无功功率指标

五、岗位关联重要制度标准

《中华人民共和国电力法》

《电力供应与使用条例》

《国家电网公司电力安全工作规程 第8部分：配电部分》

《生产现场作业"十不干"》

《国家电网公司配电网故障抢修管理规定》

《电力设施保护条例》

《电力安全事故应急处置和调查处理条例》

《国家电网有限公司营销现场作业安全工作规程（试行）》

《国家电网公司配电网抢修指挥工作管理办法》

《国家电网有限公司供电服务"十项承诺"和员工服务"十个不准"》

《国家电网公司电缆及通道运维管理规定》

《国网设备部关于建立工单驱动业务配电网管控新模式的指导意见》

《配电网运维规程》

《电力电缆及通道运维规程》

《重要电力用户供电电源及自备应急电源配置技术规范》

《国家电网公司配电网运维管理规定》

《架空配电线路及设备运行规程》

《10kV及以下架空配电线路设计技术规程》

《电能计量装置技术管理规程》

《国网设备部关于加强属实投诉和意见工单整治工作的通知》

《国家能源局关于加强电力可靠性管理工作的意见》

《国家电网有限公司员工奖惩规定》

架空绝缘配电线路设计技术规程》

《架空绝缘配电线路施工及验收规范》

《城市中低压配电网改造技术导则》

《电气装置安装工程35kV及以下架空电力线路施工验收规范》

《重要电力用户电源及自备应急电源配置技术规范》

《河南能源监管办关于进一步做好频繁停电治理工作的通知》

《配电网设备缺陷分类标准》

《国网河南省电力公司设备部关于开展配电网抢修能力专项行动的通知》

1.25 台区经理岗位说明

岗位编码：   批准时间：

岗位名称	台区经理	所属部门	营销部（供电所）		
岗位分类	技能	关键岗位	否		
岗位等级	低岗	特殊工种	是	竞业限制岗位	否

一、工作职责

（1）贯彻执行国家和上级颁发的有关法律法规、政策、标准和公司相关规定。

（2）完成班组下达的各项工作任务和考核指标。

（3）负责参与配电变压器及低压线路设备现场巡检维护、故障抢修、工程验收等工作。

（4）负责所辖服务区域输配电线路通道维护、清障和防外力破坏属地巡视工作。

（5）负责收集所服务区域低压线路设备相关数据、及时报告线路设备变化情况。

（6）负责台区三相负荷调整、重过载、"低电压治理"等工作。

（7）负责台区剩余电流动作保护器的管理。

（8）负责台区计量装置、采集设备的日常巡视和故障上报，配合其他人员协调服务台区业扩报装现场工作及计量装置异常核查处理工作。

（9）负责台区低压客户的表计补抄、电费催收和欠费停复电工作。

（10）负责配合线损治理、用电检查和反窃电工作。

（11）配合处理核查服务台区用户的投诉、咨询、意见等工单，及时将用户的相关用电诉求报告供电所。

续表

（12）负责服务台区用电政策和安全用电宣传，多渠道告知服务客户各类停电信息。

（13）参与推行电能替代、电动汽车充换电、服务分布式电源客户、推广互联网渠道应用等新型业务。

（14）负责辖区内客户信息的核实完善工作。

（15）按照安排开展网格化台区经理组团式服务，做好管辖台区优质服务工作

二、基本任职资格

（一）基本条件

学历	高中及以上	学位	无	政治面貌	无
职称专业	无	职称资格	无	专家人才	无
技能鉴定工种	农网配电营业工（台区经理）、配电线路工	技能鉴定等级	中级及以上	执业资格	特种作业操作证（高压电工作业）
相关岗位工作经历及从业年限	具有两年营销工作经验				

（二）知识要求

（1）掌握相关的国家法规政策和企业文化知识，具备相应的职业道德和敬业精神。

（2）掌握电工基础、低压配电网运维、电力营销服务、安全生产的相关知识。

（3）有较强的业务技能水平，掌握常用办公软件操作等

续表

（三）能力要求

（1）熟悉公司的发展目标，各项安全规程、制度、工作标准及业务流程。

（2）掌握相关业务知识，能够熟练使用各种生产、安全工器具。

（3）具有较强的计划能力、执行能力、沟通能力、协调能力、服务意识、学习能力、创新能力等

（四）通用要求

（1）思想政治素质好，作风正派，富有敬业精神和良好的职业道德。

（2）具备履行岗位职责所需的身体条件。

（3）安规考试合格，通过市县供电公司组织的年度培训考试

三、工作特征

工时制度	8h 工作制（24h 值班制）
主要工作场所	室外
高危作业因素	人身触电、高处坠落、物体打击、机械伤害、电弧灼伤、中毒、窒息

四、主要绩效考察范围

（1）售电量。

（2）公变台区低压线损率。

（3）电费回收率。

（4）万户投诉率。

（5）配电设备完好率。

（6）重过载台区占比。

（7）用电信息采集率。

（8）计量资产管理规范率。

（9）低压业扩服务时限达标率。

（10）故障报修到达现场及时率

五、岗位关联重要制度标准

《中华人民共和国电力法》

《电力供应与使用条例》

《供电营业规则》

《电力设施保护条例》

《国家电网有限公司供电服务"十项承诺"和员工服务"十个不准"》

《生产现场作业"十不干"》

《国家电网公司电力安全工作规程 第 8 部分：配电部分》

《国家电网有限公司营销现场作业安全工作规程（试行）》

《国家电网公司供电服务规范》

《国家电网公司配电网故障抢修管理规定》

《国家电网公司供电客户服务标准》

《电力安全事故应急处置和调查处理条例》

《配电网运维规程》

《国家电网公司供电服务质量标准》

《国家电网有限公司计量装置设备主人制管理办法》

《国家电网有限公司客户安全用电服务若干规定（试行）》

《架空配电线路及设备运行规程》

《10kV 及以下架空配电线路设计技术规程》

《电能计量技术管理规程》

《国网设备部关于加强属实投诉和意见工单整治工作的通知》

《优化营商环境条例》

《国家电网有限公司一线员工供电服务行为规范》

《国网营销部关于细化漠视群众利益问题分类标准的通知》

《国家电网有限公司员工奖惩规定》

《国家电网有限公司关于开展客户受电工程"三指定"问题专项治理的通知》

《居民家用电器损坏赔偿办法》

《国家发展改革委国家能源局关于全面提升"获得电力"服务水平持续优化用电营商环境的意见》

《国家能源局关于印发〈国家能源局用户受电工程"三指定"行为认定指引〉的通知》

《国家电网公司供电服务质量事件与服务过错认定办法》

《国家电网有限公司业扩报装管理规则》

《国家电网有限公司关于贯彻落实国家深化供水供电供气供暖行业市场化改革部署进一步清理规范供电环节收费的通知》

《国网营销部关于印发变更用电及低压居民新装（增容）业务工作规范（试行）的通知》

《国家电网有限公司业扩供电方案编制导则》

《国家发展改革委关于完善居民阶梯电价制度的通知》

《国家发展改革委关于进一步完善分时电价机制的通知》

《国家电网有限公司关于印发供电服务"一件事一次办"工作实施方案的通知》

《国家电网有限公司关于印发优化电力营商环境再提升行动方案的通知》

《国网营销部关于印发营销专业标准化作业指导书的通知》

《国家电网有限公司低压用电管理办法》

1.26　网格互助组组长岗位说明

岗位编码：　　　　　批准时间：

岗位名称	网格互助组组长	所属部门	城区供电部		
岗位分类	技能	关键岗位	是		
岗位等级	低岗	特殊工种	否	竞业限制岗位	否

一、工作职责

（1）认真贯彻国家有关安全生产的方针、政策、法律、法规和相关技术规程、标准和制度。

（2）协助配电营业班长做好安全生产，营销服务，业扩报装和值班抢修等相关工作。

（3）落实联片联责管理，承担网格互助组内工作任务和相应责任。

（4）负责开展网格互助组内的集中作业，提高工作效率和协同能力，提高运维检修质量。

（5）做好网格互助组成员的轮岗轮休班次安排，按月进行编班，按计划开展工作和夜间值班。

（6）负责网格互助组成员在轮岗期间的安全生产，营销服务，业扩报装和值班抢修等工作。

（7）遇自然灾害事故或突击性重大任务时，召集本网格互助组成员全力保障供电。

（8）完成上级交办其他工作任务

二、基本任职资格

（一）基本条件

学历	高中及以上	学位	无	政治面貌	无

职称专业	无	职称资格	初级及以上	专家人才	无
技能鉴定工种	农网配电营业工（台区经理）、配电线路工	技能鉴定等级	高级工及以上	执业资格	无
相关岗位工作经历及从业年限	具有 3 年营销工作经验				

（二）知识要求

（1）掌握相关的国家法规政策和企业文化知识，具备相应的职业道德。

（2）掌握电工基础、电力安全生产、营销管理的相关知识

（三）能力要求

（1）熟悉公司的发展目标，各项安全规程、制度及业务流程。

（2）具有较强的计划能力、组织能力、沟通能力、服务意识、学习能力、创新能力和团队领导能力等

（四）通用要求

（1）思想政治素质好，作风正派。

（2）富有敬业精神和良好的职业道德，身心健康，符合岗位工作需要

三、工作特征

工时制度	白班
主要工作场所	室内
高危作业因素	人身触电、高处坠落、物体打击、机械伤害、电弧灼伤

四、主要绩效考察范围

（1）巡视计划完成率。

（2）剩余电流动作保护器"三率"。

（3）三相负荷不平衡率合格率。

（4）电压合格率。

（5）低压设备完好率。

（6）0.4kV 线损率。

（7）电费回收率。

（8）电价合格率。

（9）客户投诉次数

五、岗位关联重要制度标准

《中华人民共和国电力法》

《电力供应与使用条例》

《国家电网公司电力安全工作规程　第 8 部分：配电部分》

《生产现场作业"十不干"》

《国家电网公司配电网故障抢修管理规定》

《电力设施保护条例》

《电力安全事故应急处置和调查处理条例》

《国家电网有限公司营销现场作业安全工作规程（试行）》

《优化营商环境条例》

《供电营业规则》

《国家电网有限公司电费业务管理办法》

《国家电网有限公司关于印发"阳光业扩"服务工作方案的通知》

《国家电网有限公司供电服务标准》

《国家电网有限公司营销现场作业安全工作规程（试行）》

《国家电网有限公司供电服务建设管理办法》

《国家电网有限公司供电服务"十项承诺"和员工服务"十个不准"》

《国家电网公司供电服务质量事件与服务过错认定办法》

《国家电网有限公司业扩报装管理规则》

1.27 配电运检班班长岗位说明

岗位编码：　　　　　　批准时间：

岗位名称	配电运检班班长	所属部门	城区供电部		
岗位分类	管理	关键岗位	是		
岗位等级	中岗	特殊工种	否	竞业限制岗位	否

一、工作职责

（1）本班组安全生产第一责任人，全面负责本班组安全生产工作。

（2）执行国家有关安全生产方针、政策、法律、法规和上级主管部门颁发的各项规章制度，维护国家和企业利益。组织宣贯安全政策、事故及反违章通报，定期开展安全学习。

（3）负责本班组安全工器具、生产工器具及备品备件的管理工作。

（4）负责编制修改本班组的设备台账、设备试验、图纸资料等，技术档案的收集、整理、归类等。

（5）协助配农网工程、技改大修等项目的储备工作；负责配农网工程、技改大修等项目的实施工作。

（6）负责供电部辖区内 10kV 线路及配电设备（含电缆线路）的缺陷隐患的统计、治理、故障处理及闭环归档等检修、抢修工作。

（7）负责各类停电计划的上报、实施及做好 24h 抢修值班工作。

（8）应急管理，开展应急演练活动，组织做好应急抢修值班和应急处理工作。

（9）负责公司物资仓库的建设及管理。

（10）负责辖区内配电网设备实物资产管理。

（11）负责辖区内配电网设备（配电变压器低压出口及以上）、线路通道及设施的运行维护管理。

（12）完成上级安排的其他临时性工作

二、基本任职资格

（一）基本条件

学历	专科及以上	学位	无	政治面貌	无
职称专业	无	职称资格	中级及以上	专家人才	无
技能鉴定工种	智能用电运营工、电力电缆安装运维工、配电网自动化运维工、配电线路工、高压线路带电检修工（配电）	技能鉴定等级	技师及以上	执业资格	无
相关岗位工作经历及从业年限	具有 3 年生产专业管理工作经验				

（二）知识要求

（1）掌握相关的国家法规政策和企业文化知识，具备相应的职业道德。

（2）掌握电工基础、电力安全生产管理、营销管理的相关知识。

（3）有较强的管理水平，办公软件操作能力。

（4）了解行业技术管理及发展趋势

（三）能力要求

（1）熟悉公司的发展目标，各项安全规程、制度及业务流程。

（2）具有较强的计划能力、组织能力、沟通能力、服务意识、学习能力、创新能力和团队领导能力等

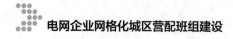

续表

（四）通用要求

（1）思想政治素质好，作风正派。

（2）富有敬业精神和良好的职业道德，身心健康，符合岗位工作需要。

（3）安规考试合格，通过市县供电公司组织的"三种人（工作票签发人、工作许可人、工作负责人）"及其他培训考试

三、工作特征

工时制度	5×8h 工作制（7×24h 值班制）
主要工作场所	室内、室外
高危作业因素	人身触电、高处坠落、物体打击、机械伤害、电弧灼伤

四、主要绩效考察范围

（1）年度供电可靠率。

（2）每百公里线路跳闸次数。

（3）配电线路非计划停运率。

（4）年度公用配电变压器停运率。

（5）中压线损指标。

（6）电压合格率。

（7）无功功率指标

五、岗位关联重要制度标准

《中华人民共和国电力法》

《电力供应与使用条例》

《国家电网公司电力安全工作规程　第8部分：配电部分》

《生产现场作业"十不干"》

《国家电网公司配电网故障抢修管理规定》

《电力设施保护条例》

《电力安全事故应急处置和调查处理条例》

《国家电网有限公司营销现场作业安全工作规程（试行）》

《国家电网公司配电网抢修指挥工作管理办法》

《国家电网有限公司供电服务"十项承诺"和员工服务"十个不准"》

《国家电网公司电缆及通道运维管理规定》

《国网设备部关于建立工单驱动业务配电网管控新模式的指导意见》

《配电网运维规程》

《电力电缆及通道运维规程》

《重要电力用户供电电源及自备应急电源配置技术规范》

《国家电网公司配电网运维管理规定》

《架空配电线路及设备运行规程》

《10kV 及以下架空配电线路设计技术规程》

《电能计量装置技术管理规程》

《国网设备部关于加强属实投诉和意见工单整治工作的通知》

《国家能源局关于加强电力可靠性管理工作的意见》

《国家电网有限公司员工奖惩规定》

《架空绝缘配电线路设计技术规程》

《架空绝缘配电线路施工及验收规范》

《城市中低压配电网改造技术导则》

《电气装置安装工程 35kV 及以下架空电力线路施工验收规范》

《重要电力用户电源及自备应急电源配置技术规范》

1.28　配电运检工岗位说明

岗位编码：　　　　批准时间：

岗位名称	配电运检工	所属部门	城区供电部		
岗位分类	技能	关键岗位	是		
岗位等级	低岗	特殊工种	否	竞业限制岗位	否

一、工作职责

（1）执行国家有关安全生产方针、政策、法律、法规和上级主管部门颁发的各项规章制度，维护国家和企业利益。积极参加班组安全政策、事故及反违章通报的宣贯学习，定期参加班组安全活动。

（2）按照班组有关规定和要求，管理安全工器具、生产工器具及备品备件。

（3）负责编制修改本班组的设备台账、设备试验、图纸资料等，技术档案的收集、整理、归类等。

（4）积极开展配农网工程、技改大修等项目的储备工作；参与配农网工程、技改大修等项目的实施工作。

（5）开展供电部辖区内10kV线路及配电设备（含电缆线路）的缺陷隐患的统计、治理、故障处理及闭环归档等检修、抢修工作。

（6）完成各类停电计划的上报、实施及做好24h抢修值班工作。

（7）开展应急演练活动，做好应急抢修值班和应急处理工作。

（8）完成公司物资仓库的建设及管理。

（9）开展辖区内配电网设备实物资产管理。

（10）开展辖区内配电网设备（配电变压器低压出口及以上）、线路通道及设施的运行维护管理。

（11）完成上级安排的其他临时性工作

二、基本任职资格

（一）基本条件

学历	专科及以上	学位	无	政治面貌	无
职称专业	无	职称资格	初级及以上	专家人才	无
技能鉴定工种	智能用电运营工、电力电缆安装运维工、配电网自动化运维工、配电线路工、高压线路带电检修工（配电）	技能鉴定等级	中级工及以上	执业资格	无
相关岗位工作经历及从业年限	无				

（二）知识要求

（1）掌握相关的国家法规政策和企业文化知识，具备相应的职业道德。

（2）掌握电工基础、电力安全生产管理、营销管理的相关知识。

（3）有较强的执行力和现场实操能力。

（4）了解辖区线路设备和通道现场情况，熟悉道路交通情况

（三）能力要求

（1）熟悉公司的发展目标，各项安全规程、制度及业务流程。

（2）具有较强的服务意识、学习能力、服从能力和吃苦耐劳、团结协作精神等

（四）通用要求

（1）思想政治素质好，作风正派。

（2）富有敬业精神和良好的职业道德，身心健康，符合岗位工作需要。

（3）安规考试合格，通过市县公司组织的"三种人（工作票签发人、工作许可人、工作负责人）"及其他培训考试

三、工作特征

工时制度	5×8h 工作制（7×24h 值班制）
主要工作场所	室外
高危作业因素	人身触电、高处坠落、物体打击、机械伤害、电弧灼伤

四、主要绩效考察范围

（1）年度供电可靠率。

（2）每百公里线路跳闸次数。

（3）配电线路非计划停运率。

（4）年度公用配电变压器停运率。

（5）中压线损指标。

（6）电压合格率。

（7）无功功率指标。

（8）供电质量类工单。

（9）抢修到达现场时限。

（10）抢修时长

五、岗位关联重要制度标准

《中华人民共和国电力法》

《电力供应与使用条例》

《国家电网公司电力安全工作规程 第8部分：配电部分》

《生产现场作业"十不干"》

《国家电网公司配电网故障抢修管理规定》

《电力设施保护条例》

《电力安全事故应急处置和调查处理条例》

《国家电网有限公司营销现场作业安全工作规程（试行）》

《国家电网公司配电网抢修指挥工作管理办法》

《国家电网有限公司供电服务"十项承诺"和员工服务"十个不准"》

《国家电网公司电缆及通道运维管理规定》

《国网设备部关于建立工单驱动业务配电网管控新模式的指导意见》

《配电网运维规程》

《电力电缆及通道运维规程》

《重要电力用户供电电源及自备应急电源配置技术规范》

《国家电网公司配电网运维管理规定》

《架空配电线路及设备运行规程》

《10kV 及以下架空配电线路设计技术规程》

《电能计量装置技术管理规程》

《国网设备部关于加强属实投诉和意见工单整治工作的通知》

《国家能源局关于加强电力可靠性管理工作的意见》

《国家电网有限公司员工奖惩规定》

《架空绝缘配电线路设计技术规程》

《架空绝缘配电线路施工及验收规范》

《城市中低压配电网改造技术导则》

《电气装置安装工程 35kV 及以下架空电力线路施工验收规范》

《重要电力用户电源及自备应急电源配置技术规范》

1.29 配电服务班班长岗位说明

岗位编码： 　　　　批准时间：

岗位名称	配电服务班班长	所属部门	城区供电部		
岗位分类	管理	关键岗位	是		
岗位等级	中岗	特殊工种	否	竞业限制岗位	否

一、工作职责

（1）执行国家有关安全生产方针、政策、法律、法规和上级主管部门颁发的各项规章制度，维护国家和企业利益。

（2）做好 24h 运行值班。

（3）负责供电部辖区内开关设备（含开关柜、环网柜、分支箱、柱上开关、用户头道开关、跌落式熔断器等）倒闸操作。

（4）负责辖区内配电网设备预防性实验和交接试验。

（5）负责辖区内配电保护装置运行维护、检修、试验、调试及定值维护工作。

（6）负责辖区内配电网设备（配电变压器低压出口及以上）、电缆线路通道及设施的运行维护管理。

（7）负责供电部辖区内 10kV 电缆线路的缺陷隐患的统计、治理、故障处理及闭环归档等检修、抢修工作。

（8）完成上级安排的其他临时性工作

二、基本任职资格

（一）基本条件

学历	专科及以上	学位	无	政治面貌	无
职称专业	无	职称资格	中级及以上	专家人才	无

续表

技能鉴定工种	智能用电运营工、电力电缆安装运维工、配电网自动化运维工、配电线路工、高压线路带电检修工（配电）	技能鉴定等级	技师及以上	执业资格	无
相关岗位工作经历及从业年限	具有 3 年生产专业管理工作经验				

（二）知识要求

（1）掌握相关的国家法规政策和企业文化知识，具备相应的职业道德。

（2）掌握电工基础、电力安全生产管理、营销管理的相关知识。

（3）有较强的管理水平，办公软件操作能力。

（4）了解行业技术管理及发展趋势

（三）能力要求

（1）熟悉公司的发展目标，各项安全规程、制度及业务流程。

（2）具有较强的服务意识、学习能力、服从能力和吃苦耐劳、团结协作精神等

（四）通用要求

（1）思想政治素质好，作风正派。

（2）富有敬业精神和良好的职业道德，身心健康，符合岗位工作需要。

（3）安规考试合格，通过市县供电公司组织的"三种人（工作票签发人、工作许可人、工作负责人）"及其他培训考试

三、工作特征

工时制度	5×8h 工作制（7×24h 值班制）
主要工作场所	室内、室外

续表

高危作业因素	人身触电、高处坠落、物体打击、机械伤害、电弧灼伤

四、主要绩效考察范围

（1）年度供电可靠率。

（2）每百千米线路跳闸次数。

（3）配电线路非计划停运率。

（4）年度公用配电变压器停运率。

（5）中压线损指标。

（6）电压合格率。

（7）无功功率指标。

（8）供电质量类工单管控。

（9）抢修时长。

（10）到达现场操作时限

五、岗位关联重要制度标准

《中华人民共和国电力法》

《电力供应与使用条例》

《国家电网公司电力安全工作规程　第8部分：配电部分》

《生产现场作业"十不干"》

《国家电网公司配电网故障抢修管理规定》

《电力设施保护条例》

《电力安全事故应急处置和调查处理条例》

《国家电网有限公司营销现场作业安全工作规程（试行）》

《国家电网公司配电网抢修指挥工作管理办法》

《国家电网有限公司供电服务"十项承诺"和员工服务"十个不准"》

《国家电网公司电缆及通道运维管理规定》

《国网设备部关于建立工单驱动业务配电网管控新模式的指导意见》

《配电网运维规程》

《电力电缆及通道运维规程》

《重要电力用户供电电源及自备应急电源配置技术规范》

《国家电网公司配电网运维管理规定》

《架空配电线路及设备运行规程》

《10kV 及以下架空配电线路设计技术规程》

《电能计量装置技术管理规程》

《国网设备部关于加强属实投诉和意见工单整治工作的通知》

《国家能源局关于加强电力可靠性管理工作的意见》

《国家电网有限公司员工奖惩规定》

《架空绝缘配电线路设计技术规程》

《架空绝缘配电线路施工及验收规范》

《城市中低压配电网改造技术导则》

《电气装置安装工程 35kV 及以下架空电力线路施工验收规范》

《重要电力用户电源及自备应急电源配置技术规范》

1.30 配电服务工岗位说明

岗位编码：　　　　批准时间：

岗位名称	配电服务工	所属部门	城区供电部		
岗位分类	管理	关键岗位	是		
岗位等级	低岗	特殊工种	否	竞业限制岗位	否

一、工作职责

（1）执行国家有关安全生产方针、政策、法律、法规和上级主管部门颁发的各项规章制度，维护国家和企业利益。

（2）做好24h运行值班。

（3）负责供电部辖区内开关设备（含开关柜、环网柜、分支箱、柱上开关、用户头道开关、跌落式熔断器等）倒闸操作。

（4）负责辖区内配电网设备预防性实验和交接试验。

（5）负责辖区内配电保护装置运行维护、检修、试验、调试及定值维护工作。

（6）负责辖区内配电网设备（配电变压器低压出口及以上）、电缆线路通道及设施的运行维护管理。

（7）负责供电部辖区内10kV电缆线路的缺陷隐患的统计、治理、故障处理及闭环归档等检修、抢修工作。

（8）完成上级安排的其他临时性工作

二、基本任职资格

（一）基本条件

学历	专科及以上	学位	无	政治面貌	无
职称专业	无	职称资格	初级及以上	专家人才	无

续表

技能鉴定工种	智能用电运营工、电力电缆安装运维工、配电网自动化运维工、配电线路工、高压线路带电检修工（配电）	技能鉴定等级	中级工及以上	执业资格	无
相关岗位工作经历及从业年限	无				

（二）知识要求

（1）掌握相关的国家法规政策和企业文化知识，具备相应的职业道德。

（2）掌握电工基础、电力安全生产管理、营销管理的相关知识。

（3）有较强的管理水平，办公软件操作能力。

（4）了解行业技术管理及发展趋势

（三）能力要求

（1）熟悉公司的发展目标，各项安全规程、制度及业务流程。

（2）具有较强的计划能力、组织能力、沟通能力、服务意识、学习能力、创新能力和团队领导能力等

（四）通用要求

（1）思想政治素质好，作风正派。

（2）富有敬业精神和良好的职业道德，身心健康，符合岗位工作需要。

（3）安规考试合格，通过市县供电公司组织的"三种人（工作票签发人、工作许可人、工作负责人）"及其他培训考试

三、工作特征

工时制度	5×8h 工作制（7×24h 值班制）
主要工作场所	室内、室外

续表

高危作业因素	人身触电、高处坠落、物体打击、机械伤害、电弧灼伤

四、主要绩效考察范围

（1）年度供电可靠率。

（2）每百公里线路跳闸次数。

（3）配电线路非计划停运率。

（4）年度公用配电变压器停运率。

（5）中压线损指标。

（6）电压合格率。

（7）无功功率指标。

（8）供电质量类工单管控。

（9）抢修时长。

（10）到达现场操作时限

五、岗位关联重要制度标准

《中华人民共和国电力法》

《电力供应与使用条例》

《国家电网公司电力安全工作规程 第8部分：配电部分》

《生产现场作业"十不干"》

《国家电网公司配电网故障抢修管理规定》

《电力设施保护条例》

《电力安全事故应急处置和调查处理条例》

《国家电网有限公司营销现场作业安全工作规程（试行）》

《国家电网公司配电网抢修指挥工作管理办法》

《国家电网有限公司供电服务"十项承诺"和员工服务"十个不准"》

《国家电网公司电缆及通道运维管理规定》

《国网设备部关于建立工单驱动业务配电网管控新模式的指导意见》

《配电网运维规程》

《电力电缆及通道运维规程》

《重要电力用户供电电源及自备应急电源配置技术规范》

《国家电网公司配电网运维管理规定》

《架空配电线路及设备运行规程》

《10kV 及以下架空配电线路设计技术规程》

《电能计量装置技术管理规程》

《国网设备部关于加强属实投诉和意见工单整治工作的通知》

《国家能源局关于加强电力可靠性管理工作的意见》

《国家电网有限公司员工奖惩规定》

《架空绝缘配电线路设计技术规程》

《架空绝缘配电线路施工及验收规范》

《城市中低压配电网改造技术导则》

《电气装置安装工程 35kV 及以下架空电力线路施工验收规范》

《重要电力用户电源及自备应急电源配置技术规范》

2

业务流程

2.1 低压居民新装增容流程

（1）客户从供电企业供电营业场所或线上服务渠道提出申请。

（2）综合柜员在营销系统或客户经理在移动作业终端，根据客户提供资料或报装政策选择终止或受理低压居民新装增容申请。

（3）客户经理上门服务时，现场勘查确定方案，判断是否符合供电条件，符合条件的同时收取容缺办理时未提供的资料，不符合条件的进入信息归档环节。

（4）现场有配套工程的客户，客户经理要进行配套工程进度跟踪，并组织相关人员进行现场竣工验收。

（5）客户经理根据客户相关信息完成合同起草，并完成与客户的合同签订（供用电合同及费控用户电费结算协议）。

（6）具备装表条件后（4、5环节完成），客户经理完成装表接电工作。

（7）装表接电后，客户经理同步在生产系统里完成相关数据修改，确保营配数据一致。

（8）客户经理完成系统中信息归档。

（9）客户经理完成资料归档。

低压居民新装增容流程如图 2-1 所示。

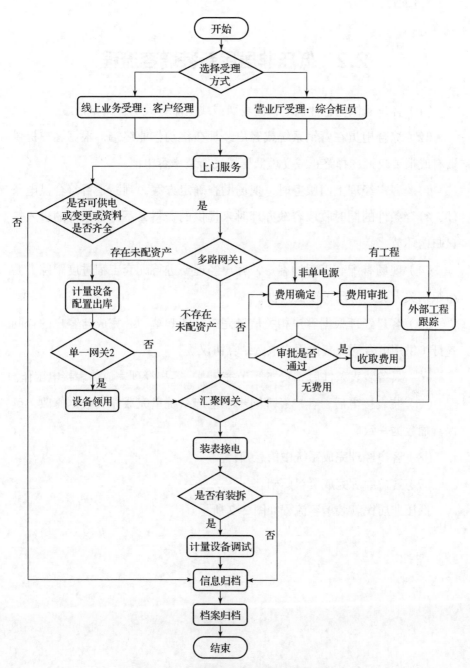

图 2-1 低压居民新装增容流程

2.2 低压非居民新装增容流程

（1）客户从供电企业供电营业场所或线上服务渠道提出申请。

（2）综合柜员在营销系统或客户经理在移动作业终端，根据客户提供资料或报装政策选择终止或受理低压居民新装增容申请。

（3）客户经理上门服务时，现场勘查确定方案，判断是否符合供电条件，符合条件的同时收取容缺办理时未提供的资料，不符合条件的进入信息归档环节。

（4）现场有配套工程的客户，客户经理要进行配套工程进度跟踪，并组织相关人员进行现场竣工验收。

（5）客户经理根据客户相关信息完成合同起草，并完成与客户的合同签订（供用电合同及费控用户电费结算协议）。

（6）具备装表条件后（4、5环节完成），客户经理完成装表接电工作。

（7）装表接电后，客户经理同步在生产系统里完成相关数据修改，确保营配数据一致。

（8）客户经理完成系统中信息归档。

（9）客户经理完成资料归档。

低压非居民新装增容流程如图2-2所示。

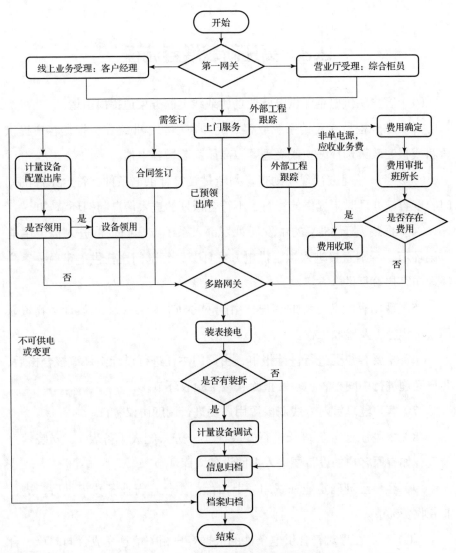

图 2-2　低压非居民新装增容流程

127

2.3　高压新装增容流程

（1）客户从供电企业供电营业场所或线上服务渠道提出申请。

（2）综合柜员在营销系统或客户经理在移动作业终端，根据客户提供资料或报装政策选择终止或受理客户高压新装增容申请。

（3）客户经理进行现场勘查，判断是否符合供电条件，符合条件的同时收取容缺办理时未提供的资料，不符合条件的进入信息归档环节。

（4）报装大于35kV的由发展策划部入系统方案确定再进入拟定供电方案环节，否则直接进入拟定供电方案环节，经部门主任供电审后，客户经理向客户答复供电方案。

（5）现场有配套工程的客户，由配网办进行建项、工程设计、物资领用、工程施工及验收工作。

（6）重要客户要进行设计报审，由部门主任进行设计文件审核合格后，客户经理进行中间检查、竣工报验、竣工验收环节。

（7）客户经理针对专线双电源用户要进行调度协议签订。

（8）由高压业务班班长进行安装派工，进入配表（备表）、安装信息录入、如有原客户的设备要进入拆回设备入库环节。

（9）客户经理确定业务费用环节由部门主任进行业务费审批后，进行业务收费环节。

（10）客户经理对符合供电条件的根据客户相关信息完成合同起草、合同签订（供用电合同及费控用户电费结算协议）。

（11）具备停（送）电条件后（5、6、7、8、9、10环节完成），客户经理完成停（送）电管理工作。

（12）客户经理同步在生产系统里完成相关数据修改，确保营配数据一致。

（13）客户经理完成系统中信息归档。

（14）客户经理完成资料归档。

高压新装增容流程如图2-3所示。

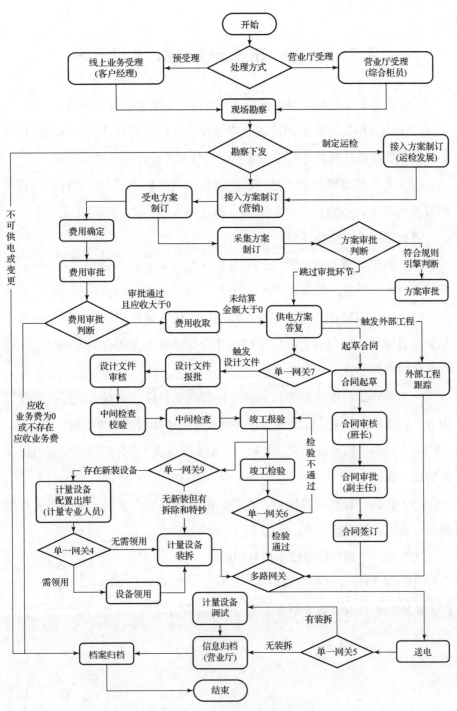

图 2-3　高压新装增容流程

2.4 低压分布式电源新装增容流程

（1）客户从供电企业供电营业场所或线上服务渠道提出申请。

（2）综合柜员在营销系统或客户经理在移动作业终端，根据客户提供资料或报装政策选择终止或受理客户低压分布式电源新装增容申请。

（3）客户经理勘查派工进行现场勘查，判断是否接入，对可接入客户制订接入方案、组织接入方案审查并答复接入方案，经部门主任业务审批后，进行接入方案确认环节。

（4）客户经理在接到所长的安装派工指令后，进入配表（备表）、安装信息录入、折回设备录入环节。

（5）客户经理在方案订正阶段经部门主任方案订正审核后，根据客户相关信息完成合同起草，并经部门主任合同审核、光伏合同审核后，完成与客户的合同签订。

（6）需要设计审查的客户，客户经理在受理设计审查申请后组织设计审查、答复审查意见，完成后受理并网验收申请和服务资料审核

（7）具备并网验收条件后（4、5、6环节完成），客户经理完成组织并网验收与调试工作。

（8）客户经理组织并网后，客户经理同步在生产系统里完成相关数据修改，确保营配数据一致。

（9）客户经理完成系统中信息归档。

（10）客户经理完成资料归档。

低压分布式电源新装增容流程如图2-4所示。

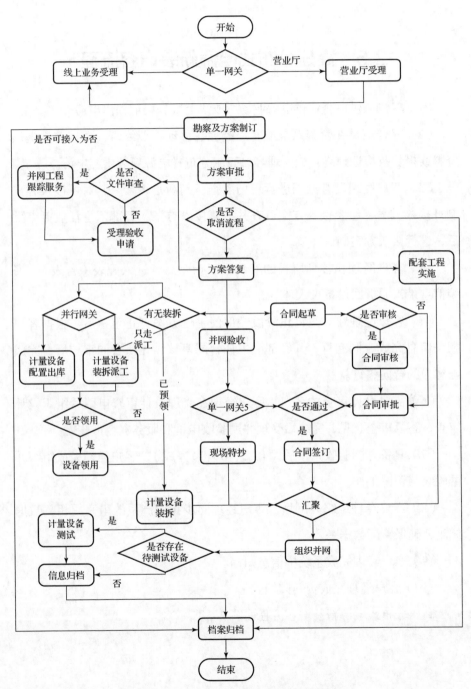

图 2-4　低压分布式电源新装增容流程

2.5　高压分布式电源新装增容流程

（1）客户从供电企业供电营业场所或线上服务渠道提出申请。

（2）综合柜员在营销系统或客户经理在移动作业终端，根据客户提供资料或报装政策选择终止或受理客户高压分布式电源新装增容申请。

（3）客户经理勘查派工进行现场勘查，判断是否接入，对可接入客户制订接入方案、组织接入方案审查并答复接入方案，经部门主任业务审批后，进行接入方案确认环节。

（4）客户经理在接到所长的安装派工指令后，进入配表（备表）、安装信息录入、折回设备录入环节。

（5）客户经理在方案订正阶段经部门主任方案订正审核后，根据客户相关信息完成合同起草，并经部门主任合同审核、光伏合同审核后，完成与客户的合同签订。

（6）需要设计审查的客户，客户经理在受理设计审查申请后组织设计审查，答复审查意见，完成后受理并网验收申请和服务资料审核

（7）具备并网验收条件后（4、5、6环节完成），客户经理完成组织并网验收与调试工作。

（8）客户经理组织并网后，客户经理同步在生产系统里完成相关数据修改，确保营配数据一致。

（9）客户经理完成系统中信息归档。

（10）客户经理完成资料归档。

高压分布式电源新装增容流程如图2-5所示。

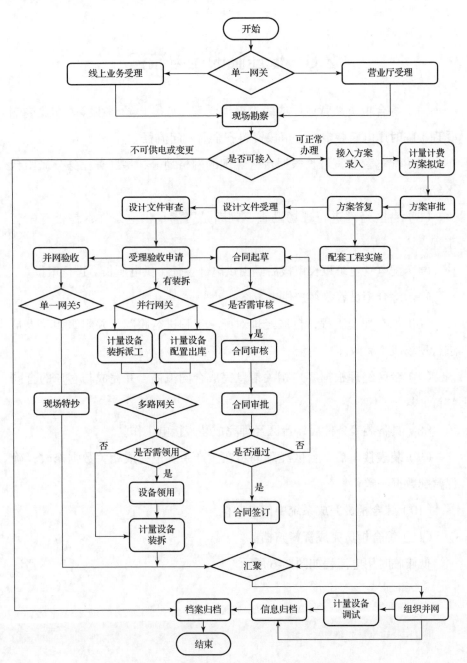

图 2-5 高压分布式电源新装增容流程

2.6 低压临时用电流程

（1）综合柜员从营业厅或线上渠道受理（或客户经理在移动作业终端受理）临时用电新装申请，审核资料齐全后发起流程。

（2）配电营业班班长根据台区经理的网格划分，将勘查任务分派给台区经理。

（3）台区经理进行现场勘查，判断是否满足供电条件，是否有配套工程。

（4）配电营业班班长审核后经由供电部主任（供电所长）进行审批。

（5）综合柜员答复客户供电方案。

（6）如有配套工程，台区经理对配套工程进行跟踪，并组织相关人员进行现场竣工验收。

（7）台区经理根据客户相关信息完成合同拟稿，并完成与客户的合同签订。

（8）具备装表条件后，台区经理完成装表接电工作。

（9）装表接电后，台区经理同步在生产系统里完成相关数据修改，确保营配数据一致。

（10）综合柜员完成系统中信息归档。

（11）综合柜员完成资料归档。

低压临时用电流程如图 2-6 所示。

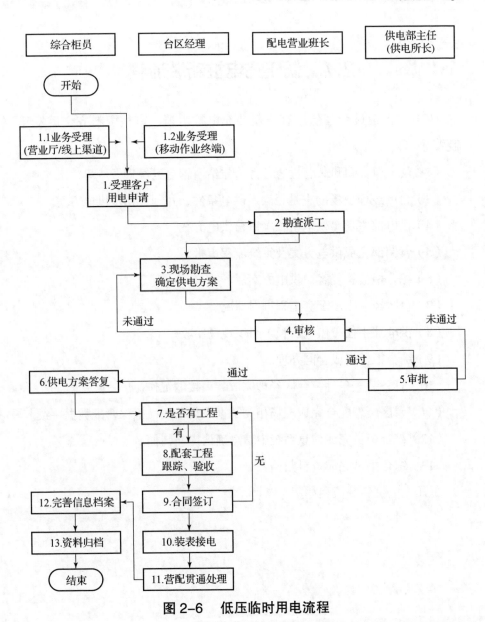

图2-6 低压临时用电流程

2.7 低压充电桩新装流程

（1）综合柜员受理低压客户新装充电桩申请，审核资料齐全后发起流程。

（2）配电营业班班长将勘查任务分派给所辖台区经理。

（3）台区经理现场勘查是否满足供电条件，并制订初步供电方案。

（4）供电部主任（供电所长）审核供电方案。

（5）营销部完成供电方案及系统流程审批。

（6）综合柜员答复客户供电方案。

（7）台区经理跟踪配套工程进展情况。

（8）供电部主任（供电所长）组织现场验收。

（9）综合柜员完成合同办理。

（10）具备装表条件，台区经理完成装表接电工作。

（11）台区经理配合完成现场相关数据采集录入，确保营配数据一致。

（12）综合柜员完成信息系统中信息确认提交归档。

（13）综合柜员完成资料归档。

低压充电桩新装流程如图 2-7 所示。

(市) 县供电公司营销部	供电部主任 (供电所长)	配电营业班 班长	综合柜员	台区经理

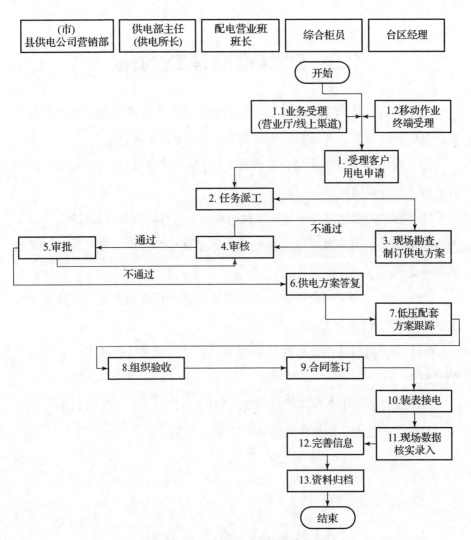

图 2-7　低压充电桩新装流程

2.8 异常数据管理工作流程

（1）综合值班岗系统监控员通过监控系统发现异常数据，或接收到上级派发的异常工单，将异常工单派发至配电营业班（综合班）。

（2）配电营业班长（综合班班长）经初步研判后将异常工单派工给台区经理（综合班成员）。

（3）台区经理（综合班成员）到达现场，进行异常数据的核查。

（4）综合值班岗系统监控员登记台区经理（综合班成员）核查的系统问题并处理。

（5）台区经理（综合班成员）对异常问题进行现场处理，并反馈至配电营业班班长（综合班班长）。

（6）综合值班岗系统监控员对现场异常处理结果进行核实，并进行系统维护。

（7）综合值班岗系统监控员将资料归档。

异常数据管理工作流程如图 2-8 所示。

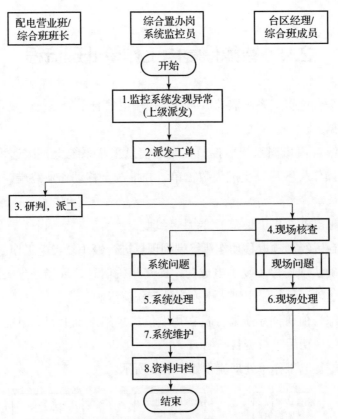

图 2-8 异常数据管理工作流程

2.9 智能停复电工作单处理流程

（1）综合值班岗系统监控员通过监控用电信息采集系统，发现停（复）电失败数据。

（2）综合值班岗系统监控员在用电信息采集系统上再次远程停（复）电，确认操作失败后，生成失败工单，并推送至移动作业终端，通知配电营业班班长。

（3）配电营业班班长派工给台区经理。

（4）台区经理领取移动作业终端到现场进行停（复）电工作。

（5）确认现场停（复）电成功，提交相关信息；现场处理失败，确认是电能表故障，另行派工进入更换表计工作流程。

（6）综合值班岗系统监控员在用电信息采集系统上召测电能表跳合闸状态，确认成功后进行资料归档。

智能停复电工作单处理流程如图 2-9 所示。

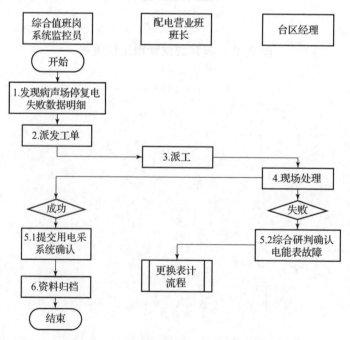

图 2-9 智能停复电工作单处理流程

2.10　故障抢修业务流程

第一步：接收工单并派发

（1）抢修值班长通过数字化集约管控平台接收供电服务指挥平台派发的故障报修工单，并派单至故障点所在的服务网格抢修值班员"豫电助手"。

（2）抢修值班长接到客户报修电话时，值班长根据客户反映情况通过集约管控平台，自主派发抢修工单派至故障点所在的服务网格抢修值班员豫电助手。

（3）台区经理接到客户报修电话或微信时，需提报至抢修值班长，值班长根据反馈信息通过集约管控平台，自主派发抢修工单派至故障点所在的服务网格的抢修值班员"豫电助手"。

第二步：物资准备

（1）抢修工单会自动关联车辆、安全工器具、行为记录仪等物资。同时，抢修值班长依托数字化集约管控平台，以短信方式向用电客户发送停电信息。

（2）抢修值班人员通过"豫电助手"接收到待办工单后，通过人脸识别进入无感库房，核对工单及所需领取物料信息，在安全工器具库领取佩戴行为记录仪，通过RFID感应领取安全工器具，在施工工器具库通过RFID感应领取智能设备、车辆钥匙及施工工器若领取物料与工单不符，进行"错领物料"自动报警，并提报至数字化集约管控平台。

（3）抢修人员到达客户报修地点后，通过"豫电助手"反馈到达现场时间并进行现场定位，并向用电客户发送到达现场短信。

第三步：故障抢修

抢修人员到达现场后，查看现场设备状况，进行现场勘查，确定故障原因和修复方案，布置作业现场安全措施，利用超声波局放检测仪等智能化装备，快速判断故障。如果属调度管辖的设备，抢修工作负责人需向调度值班员申请下达指令，抢修人员方可进行倒闸操作隔离故障（填写事故抢修单），并通过豫电助手反馈现场故障抢修情况。

第四步：抢修结束

（1）抢修完成后，抢修人员通过"豫电助手"现场回复工单处理情况，上传佐证材料，经抢修值班长审核后进行回单；同时，抢修值班长依托数字化集约管控平台，以短信方式向用电客户发送恢复供电信息。

（2）工单完成后抢修人员返回供电所，在无感库房退回已领用设备及未用完的物资。通过行为记录仪管理设备自动将现场作业视频上传至数字化集约管控平台，并自动与工单进行关联。

（3）抢修值班长依托数字化集约管控平台，根据工作难度、工作时间、工作成效对工单进行评价。

故障抢修业务流程如图 2-10 所示。

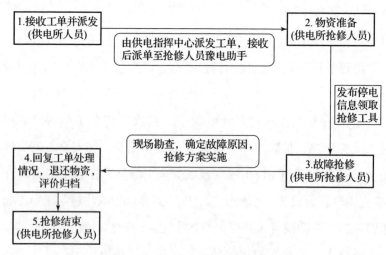

图 2-10　故障抢修业务流程

2.11 主动抢修流程

第一步：接收工单并派发

供电所综合值班岗人员通过数字化集约管控平台接收供电服务指挥中心派发的主动检修工单，综合值班岗人员与配电营业班班长沟通后，先确定接单台区经理，再派发至相应台区经理"豫电助手"；或综合值班岗人员依托智能稽查推送的异常情况（重载、过载、低电压、三相不平衡等），经与配电营业班班长沟通后，先确定接单台区经理，再自主派发主动运维工单至台区经理"豫电助手"。

第二步：物资准备

（1）台区经理通过"豫电助手"接收待办工单后，通过人脸识别进入无感库房，核对工单及所需领取物料信息，在安全工器具库领取佩戴行为记录仪，通过 RFID 感应领取安全工器具，在施工工器具、备品备件通过扫码枪扫描二维码领取，并自动关联至工单。若领取物料与工单不符，进行"错领物料"自动报警，并提报至数字化集约管控平台。

（2）台区经理到达现场，通过"豫电助手"反馈到达现场时间并进行现场定位。

第三步：主动抢修实施

台区经理通过现场勘查，根据设备的异常类型（重载、过载、低电压、三相不平衡等）制订差异化整改方案，布置现场作业安全措施，按照指定时限完成设备检修。

第四步：抢修结束

（1）台区经理通过"豫电助手"现场回复工单处理情况，经综合值班岗人员审核后进行回单。针对短期内无法解决问题，及时发出约时工单，在约时期限内完成主动检修，通过"豫电助手"反馈检修情况。

（2）工单完成后台区经理返回供电所，在无感库房退回已领用设备及未用完的物資。通過行為記錄儀管理設備自動將現場作業視頻上傳至數字化集約管控平台，並自動與工單進行關聯。

（3）綜合值班崗值班長依托數字化集約管控平台，根據工作難度、工作時間、工作成效對工單進行評價。

主動搶修流程如圖 2-11 所示。

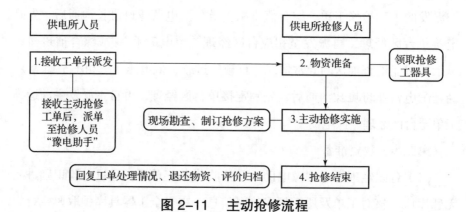

图 2-11　主动抢修流程

2.12 高负损台区治理工作流程

（1）综合班登录电能信息采集系统筛查提取高（负）损台区数据。

（2）综合班结合营销系统档案、数据采集情况及电量变化规律，分析高（负）损台区数据。

（3）综合班根据分析结果，判定疑似问题清单，向配电营业班派发工单。

（4）配电营业班班长派工一组人员。

（5）工作组携带相关设备进行现场问题核查，确认问题原因，简易问题直接现场处置，疑难问题反馈班长。

（6）配电营业班班长汇总排查结果，提出问题整改建议，反馈至综合班。

（7）综合班根据排查结果制订高（负）损台区治理措施并组织实施。

（8）配电营业班班长根据治理措施开展高（负）损台区治理。特殊情况应向供电部主任（供电所长）汇报。

（9）综合班跟踪监控高（负）损台区治理情况，数据正常后，资料归档。数据异常，返回到第5~7步骤。

高负损台区治理工作流程如图2-12所示。

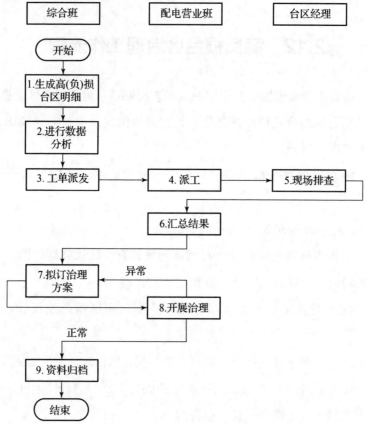

图 2-12 高负损台区治理工作流程

2.13 数据补采工作流程

（1）综合值班岗系统监控员在用电信息采集系统筛选采集失败用户，生成补采工单并推送至移动作业终端，通知配电营业班班长处理。

（2）配电营业班班长派工至台区经理。

（3）台区经理领取移动作业终端到现场补采数据。

（4）补采成功，提交数据，工单归档。

（5）补采失败，分析原因，确认是电能表故障，另行派工进入更换表计工作流程。

（6）综合值班岗系统监控员查询用电信息采集系统补采数据，确认数据上传成功。

（7）综合值班岗系统监控员对数据补采相关资料登记归档。

数据补采工作流程如图 2-13 所示。

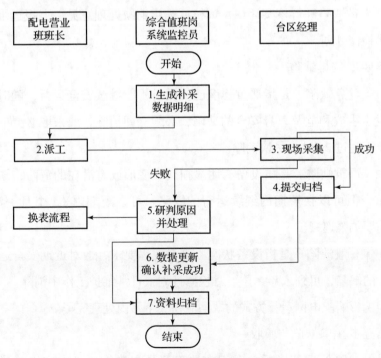

图 2-13　数据补采工作流程

147

2.14 配电线路设备缺陷处理工作流程

第一步 发现缺陷

供电所值班人员根据配电线路设备运行状况；气候、环境变化情况；上级运维管理部门要求，开展标准化巡视。发现缺陷后，按照《配电网设备缺陷分类标准》进行缺陷分类。

第二步 登记缺陷

供电所值班人员发现缺陷后及时填写缺陷记录表进行统计分类，包括缺陷地点、缺陷部位、发现时间、缺陷描述、缺陷设备的厂家和型号、缺陷等级等，上报运行管理单位。

第三步 审核缺陷

供电所值班长或班组技术人员将设备缺陷上报至设备运维管理单位，由运维人员缺陷进行核实评估，审核后确定消缺处理意见，上报运维检修部编排检修计划。

第四步 安排缺陷

（1）危急缺陷。是指严重程度已使设备不能继续安全运行，随时可能导致发生事故和危及人身安全的缺陷，必须立即消除，或采取必要的安全措施（不超过24h），尽快消除。

（2）严重缺陷。是指设备有明显损伤、变形或有潜在的危险，缺陷比较严重，但可以在短期内继续运行的缺陷。可在短期内（1个月）消除，消除前要加强巡视。

（3）一般缺陷。是指设备状况不符合规程要求，但对近期安全运行影响不大的缺陷，可列入年、季、月检修计划或日常维护工作中消除。

（4）影响配电网运行方式的缺陷应在3个月内处理完毕。

第五步 消除缺陷与验收

（1）缺陷处理完毕后，登记在缺陷记录和检修记录中，相关消缺处理人员和验收人员分别签字存档，不合格时将此缺陷重新按缺陷处理程序办理。

（2）春、秋检中发现并已处理的缺陷不再执行缺陷处理程序，但应统计在当月的总消除中，发现未处理的缺陷应执行缺陷处理程序。

（3）登记的缺陷应分为高压、低压、设备等部分。消除的缺陷必须保证质量，确保在一年内不能再出现问题。

配电线路设备缺陷处理工作流程如图 2-14 所示。

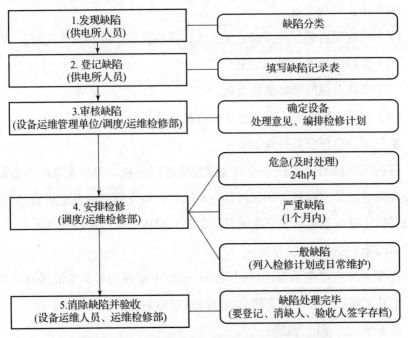

图 2-14　配电线路设备缺陷处理工作流程

2.15　配电线路设备巡视管理流程

第一步：安排巡视任务

安排时必须明确本次巡视任务的类型（定期巡视、特殊性巡视、夜间巡视、故障性巡视、监察性巡视），并根据现场情况提出安全注意事项。特殊巡视还应明确巡视的重点及对象。

第二步：巡视准备

（1）检查望远镜、测温仪、无人机、照相机等工器具是否完好。

（2）带好巡视手册和记录笔。

（3）夜间巡视应带好照明设施。

（4）根据实际需要，携带必要的食品、饮用水及防护用品。

第三步：巡视设备检查

巡视人员应对巡视任务中的全部设备进行巡视。对于发现的设备缺陷应及时做好记录，巡视中如发现紧急缺陷时，应立即终止其他设备的巡视，在做好防止行人触电的安全措施后，立即上报相关部门进行处理。

第四步：巡视总结

巡视人员应规范填写巡视记录，对巡视中发现的异常情况进行分类整理，汇总上报。如有设备变动，应及时通知相关部门进行修正。

第五步：上报巡视结果

巡视人员将巡视结果上报相关设备管理人员，由设备管理人员填写缺陷记录，并根据缺陷类别及时编排检修计划。

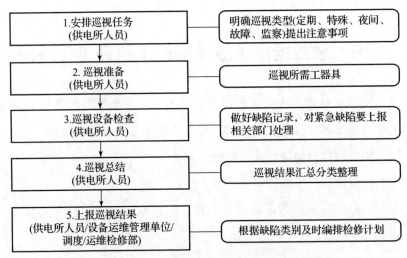

图 2-15 配电线路设备巡视管理流程

2.16 事故抢修（故障报修）管理工作流程

（1）供电服务指挥中心接收国网公司 95598 供电服务指挥中心派发的抢修工单或接收客户故障报修电话，通过供电服务指挥系统派单。

（2）供电所抢修值班长接收抢修工单。

（3）抢修值班长核实抢修工作任务。

（4）抢修值班人员做抢修准备工作，包括备品备件、安全工器具、施工工器具、车辆等。

（5）抢修人员到达事故现场，反馈抢修人员姓名和数量、到达事故现场的时间事故所处位置、事故现场安全状况等。

（6）抢修服务人员到达现场进行现场勘查，包括现场事故隔离、事故设备产权判定、抢修职责范围判定、非产权事故客户沟通。

（7）抢修人员判断能否现场处理。如能处理，则立即抢修。

（8）抢修人员勘查现场。如不能处理，则向抢修值班长上报现场情况。

2.17　主动走访流程

（1）该业务用于供电所实际业务开展需要，按照一定的走访规则进行主动走访单的推送、由人工手动录入派单至客户经理或通过客户经理手动登记进行处理。

（2）供电服务指挥中心、所长或综合值班岗通过供电服务指挥系统根据工作要求向客户经理派发主动走访工单。

（3）工单通过"豫电助手"派单到客户经理走访处理。

（4）客户经理根据"豫电助手"接派单内容开展现场走访工作。

（5）客户经理走访完成后，通过"豫电助手"点击"走访结果"后面的选择模板按钮，可选择走访结果模板信息，或者手动输入走访结果的内容；点击"走访照片"下面的加号按钮，可拍照或从相册上传照片；点击"走访定位"后面的重新获取按钮，可以重新获取走访地址信息；"走访联系人""走访电话""与户主关系""现联系电话"字段的内容可根据"用户编号"自动填充。

（6）供电服务指挥中心、所长对走访的情况进行审核，无效的走访要重新派单走访，通过的走访可直接归档。

主动走访流程如图 2-17 所示。

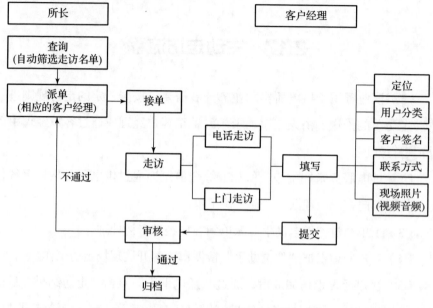

图 2-17　主动走访流程

2.18 计量设备巡视流程

第一步：工作准备

（1）依据周期巡视计划开展巡视。

（2）系统筛查发现计量设备异常开展巡视。

第二步：工作实施

（1）周期巡视。周期巡视与周期核抄业务融合，实行片区化、网络化现场巡视。

（2）临时巡视。设备主人或其他工作人员在装表接电、采集运维、现场检验、用电检查等工作过程或日常路途中，应同步开展现场巡视工作，记录作业现场及周边发现的计量装置缺陷。

（3）特别巡视。作为周期巡视、临时巡视的补充，设备主人在下列情况下应开展或组织开展特别巡视：

1）一季度内同一台区发生两次及以上计量类客户投诉、电能表烧毁、计量箱烧毁。

2）同一台区的计量装置存在两处及以上错接线或影响安全的计量装置缺陷。

3）可能对计量装置安全运行产生重大影响的重大灾害前后。

4）所在单位或设备主人认为需要开展特别巡视时。

第三步：现场处理

（1）除以下情况需开箱检查外，其他情况一般不开箱检查：

1）发现计量箱封印缺失、计量箱内存在严重安全隐患。

2）结合开箱工作的临时巡视。

3）根据巡视目的需开箱才能完成的特别巡视。

（2）不需开箱的巡视应检查以下内容：

1）计量箱外观是否良好，安装是否牢固。

2）计量箱封印、锁具是否齐全。

3）计量箱安装位置、环境是否符合要求。

4）计量箱可视区域内部是否存在杂物。

5）金属计量箱接地是否可靠。

6）卡表、本地费控表电卡插槽是否存在异物。

（3）需开箱的巡视应在不开箱检查内容的基础上，增加以下检查内容：

1）隔离开关、断路器是否良好。

2）电能表、终端、互感器安装是否牢固，接线工艺是否符合要求。

3）计量箱内部是否存在杂物。

4）电能表和终端封印是否破损，显示屏是否存在异常。

5）根据本次巡视目的而增加的其他巡视项目。

（4）现场巡视可对计量装置进行拍照，存在缺陷的必须拍摄能清晰反映缺陷情况的照片，并记录缺陷情况。

（5）现场巡视发现封印缺失、无锁、存在杂物的，宜当场整改并记录处理情况；发现疑似窃电行为的，应立即联系用电检查人员调查处理。

第四步：工作结束

将拍摄的缺陷照片及缺陷记录提交并归档。

计量设备巡视流程如图 2-18 所示。

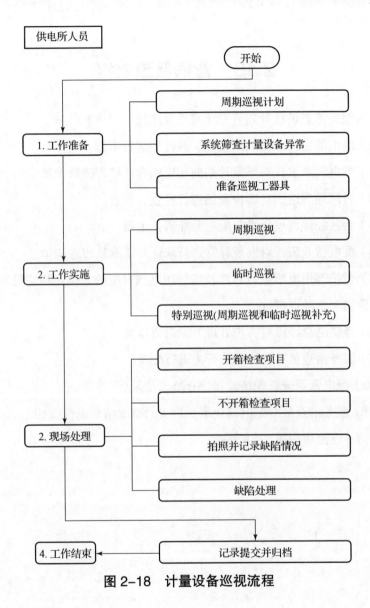

图 2-18　计量设备巡视流程

2.19　营销普查流程

（1）服务稽查员按计划或专项需求发起任务、下发计划。

（2）供电部主任（营销副主任）对计划进行审批。

（3）配电营业班长对下发计划向相应的台区经理进行派工。

（4）台区经理组织对客户现场进行检查、普查。

（5）台区经理发现异常向配电营业班长上报。

（6）配电营业班长对发现异常进行取证并下发整改通知单。

（7）营销部用电稽查班对涉及违约用电或窃电的，拟定相应处理方案，并提交营销副总经理审批。

（8）营销副总经理对客户处理方案进行审批。

（9）服务稽查员对客户违约行为进行处理。

（10）配电营业班长现场监督检查整改结果。

（11）服务稽查员对配电营业班长提交的整改结果进行归档。

营销普查流程如图 2-19 所示。

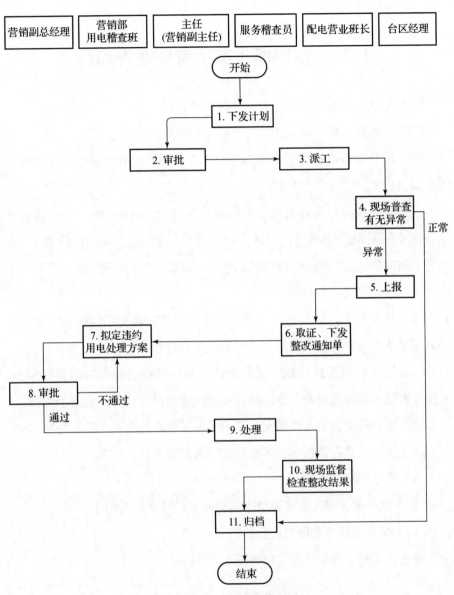

图 2-19 营销普查流程

2.20　供电所（部）考勤管理流程

（1）每月月底综合班制订下一月值班计划。

（2）供电部主任（副主任）对值班计划审核。

（3）综合班将值班计划在集约监控平台——数字化晨会板块录入值班人员信息。

（4）全员按照值班计划在"豫电助手"打卡，两长四员、综合班需签到签退（每天8h工作制），台区客户经理只需签到（24h抢修值班），在规定上班时间（无特殊原因或请假手续）未到达工作岗位者视为迟到。工作时间内提前离岗视为早退。

（5）异常情况。员工请假或外出，必须按规定履行书面请假手续，经供电部主任批准并交接工作后，方可离开工作岗位。

（6）综合班每天统计数字化晨会线上打卡情况，线下对迟到、早退、未履行请假手续擅自离开工作岗位者在绩效考核月度评价时应给予考核。

（7）综合班对员工考勤情况在所内绩效看板进行公示，员工签字确认。

（8）所长（营配班长）将考勤情况纳入绩效考核。

（9）供电部主任审批。

（10）供电所（部）将考勤情况和绩效考核情况报公司人资部。

（11）综合班将考勤资料进行归档。

供电所（部）考勤管理流程如图2-20所示。

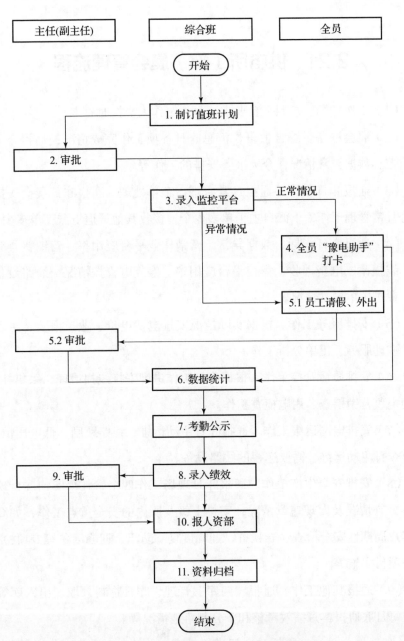

图 2-20 供电所（部）考勤管理流程

2.21 供电所（部）晨会管理流程

（1）工作考勤。按照平台要求，每位工作人员按时打卡。

（2）晨会准备。综合值班长汇总昨日各项工作完成情况；通报今早指标监控、数据异常情况；今天准备安排的工作等。

（3）通报昨日工作。通报日常管理、工单处理。通报昨日晨会安排了哪些日常管理工作，下派自主工单多少个，接收其他渠道下派工单多少个。

（4）通报今日指标、数据异常。营销作业平台应用率、营销普查完成率、线损率、电费回收、集控平台应用率、停复电管控情况、线路设备异常、业扩工单异常情况。

（5）安排服务工作。根据实际情况安排电费电价、业扩报装、主动走访、主动服务、工单分析工作。

（6）安排质量管控工作。根据昨日工作进度安排线损治理、采集补抄、反窃电、营销稽查、用电检查工作。

（7）安排电网运维工作。通报昨日主动运维、线路跳闸、低电压情况，安排今日主动运维，需要巡视的线路设备。

（8）安排安全生产工作。通报昨日现场工作四个管住落实情况，现场作业督查情况及发现违章情况；安排上级及所内的安全重点工作，如高低压客户周期性安全检查、春秋查、迎峰度夏、防汛、迎峰度冬等专项检查、相关项目实施等。

（9）通报其他工作。通报"四库"管理、昨日物料领取、出入库等情况；每月底通报本月绩效考核和千分制落地情况等。

（10）晨会总结。所长对会议进行补充、总结；对重点工作进行强调；对需要注意事项进行提醒。

（11）资料归档。综合值班岗将当天纸质、视频资料归档留存。

2.22 供电所（部）综合值班岗管理流程

一、综合值班长

（1）组织开展目标与计划管理工作，协同制订综合值班岗月、周工作计划，切实完成上级下达的各项任务指标。

（2）依托卓越服务集约化管控平台，组织做好各类指标的统计分析、工单派发、全业务工作质量管控。

（3）做好收集、整理、更新、归档上级下发的各类文件、通知、内部管理制度、技术台账等资料。

（4）组织做好供电所绩效管理平台数据更新、检查、统计、分析、上报工作。

（5）完成上级交办的其他工作。

二、综合值班员

（1）针对上级下达的各类专业管理信息系统的异常数据，开展督办或治理工作，实现闭环管理。

（2）按照规定的时限和质量工作要求，加强线路、配电变压器设备运行的日常监测，分析高、负损台区、三相负荷不平衡、重过载、低电压、采集终端不在线、台区异常等情况，提出整改措施，做好配电网故障信息反馈。

（3）按照规定的时限和质量工作要求，加强用电信息采集系统的日常监测，负责采集失败、线损异常等问题的统计分析，派发工单并跟踪处理。

（4）根据上级下达的各类工作安排，按照时间节点和工作要求及时反馈并存档。

2.23 供电所（部）抢修值班流程

第一步：接收抢修工单或报修电话

（1）供电所实行24h值班，夜间值班人员不少于2人。

（2）值班期间接收95598抢修工单或接到客户报修做好详细记录。

第二步：通知抢修人员

通知值班抢修人员，告知联系方式及故障概况，以便抢修人员携带合适抢修工具材料，在规定时间内到达现场处理故障。如遇人身、重要设备及电网故障等重大事故，应立即向所长汇报。

第三步：做好值班记录

值班人员按要求做好值班记录，包含异常情况、抢修处理结果、遗留问题。

第四步：做好交接班

在交接班时，对于未结束工单，应将遗留问题移交接班人，以便流转，确保抢修工单闭环处理。

第五步：交接检查

供电所（部）抢修车车辆应专车专用，严禁因其他与抢修工作无关的事务动用抢修车辆，交接班时驾驶员和抢修人员应对车辆状况及抢修工具材料等情况进行交接检查。

供电所（部）抢修值班流程如图2-21所示。

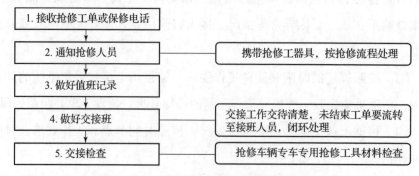

图 2-21 供电所（部）抢修值班流程

2.24 供电所（部）绩效管理流程

实行市县供电公司对供电所（部），供电所（部）对综合班、配电营业班，综合班（配电营业班）对员工的三级绩效考核。坚持"按劳分配、多劳多得、兼顾公平、分级负责"基本原则。坚持供电所"绩效工资总额制"和"工作积分制＋目标任务制"考核原则。定期逐级考核评价，召开绩效考核例会。

（1）建立指标体系。各单位根据供电所安全生产、营销服务等重点工作任务和各项考核指标，制定供电所员工绩效考核体系，落实"工作积分制＋目标任务制"考核原则，确保公平公正、多劳多得，激发员工内生动力。

（2）绩效考核评价。供电所考核指标分解到综合班（配电营业班）、员工个人后，市县公司营销部每月从相关业务系统抽取数据，对供电所上月度指标完成情况进行考评，其他补充考核部分由市县公司及供电所长手工录入，生成月度绩效考核结果，并在所内绩效看板进行员工绩效得分公示。

（3）考核结果兑现。考核结果经市县公司营销部审核，报分管领导批准后兑现。

供电所（部）绩效考核实行月考核、月兑现、年审计方式。

年底由市县供电公司组织相关部门对供电所员工绩效考核执行情况开展联合审计，在次年第一季度审计完毕。联合审计结果经分管领导批准后，第二季度予以应用，供电所员工收入多退少补。

2.25 供电所（部）线上培训流程

第一步：培训准备

（1）发布线上培训班通知。

（2）建立学员培训管理群制作培训管理二维码。

（3）通知学员扫码入群。

第二步：课前准备。

（1）课程开始之前，熟知以下内容：讲师手册、学员手册、授课 PPT

（2）预先准备下列培训用具。笔记本电脑、具备上网的环境、具备网上教学的 App 平台。

（3）开启电脑，运行具备网上教学的 App 共享平台，导入授课 PPT。

（4）通知学员加入教学平台建立的培训班并签到。

第三步：讲师授课流程

（1）课程导入：

活动一：开场、开启课程，问候学员。

活动二：导入介绍课程主题、意义。

活动三：介绍课程开发背景及课程目标；课程结构及课程时间安排。

激发学习本课程的兴趣；

明确自己的课程需求。

（2）课程内容。

（3）课程小结。

（4）布置作业与思考题。

第四步：结束。

供电所（部）线上培训流程如图 2-22 所示。

图 2-22 供电所（部）线上培训流程

2.26 供电所（部）物资管理流程

供电所（部）物资管理流程如图 2-23 所示。

（1）、（2）根据供电部物资使用情况，由配电检修专责提出编制需求，报供电部主任（生产副主任）审核。

（3）供电部主任（生产副主任）审核后报公司相关部门审批、采购。

（4）配电检修专责向上级物资部门领取已采购的物资。

（5）配电检修专责建立物资台账、入库记录。

（6）~（8）供电部事故抢修或设备正常维护可使用物资材料。工作负责人在领用时，需填写领用单，经所长批准后，方可使用。未经批准，不得出库。

（9）~（11）工作负责人对结余物资必须及时退库，配电检修专责应对所退物资品种、规格、数量等进行核对，确认无误后收货入库，并完善台账。

（12）由配电检修专责对物资作定期检查，判断库存是否充足。当库存数量低于定额标准时，由配电检修专责提出并编制补充需求。

（13）由配电检修专责进行资料归档。

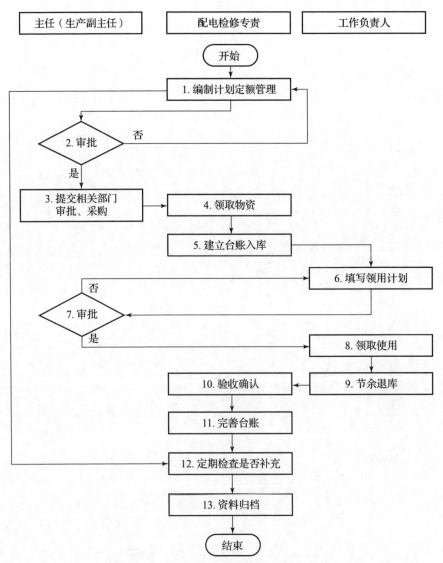

图 2-23 供电所（部）物资管理流程